三菱电机工业自动化系列教材

PLC 技术项目教程

三菱 FX$_{3U}$ 系列

主　编　王宝林　谢飞县
副主编　张红军　叶加建　李国材
参　编　陈明彪　潘绍炜　谌　涛
　　　　卢彩金　陈群芳
主　审　杨绍忠

机械工业出版社

本书为双色印刷新形态立体化教材，配套广东省在线精品课程"PLC 技术应用"（智慧职教 MOOC 平台），建设有内容丰富、功能完善的数字化教学资源库。

本书遵循"以能力培养为核心，以技能训练为主线，以理论知识为支撑"的编写理念，按照项目引领、任务驱动的模式编写，以 PLC 在企业生产和生活中的典型应用案例贯穿始终，内容涵盖了 PLC 的结构、工作原理、程序设计及模拟器的使用、基本指令及功能指令、步进顺控编程、PLC 控制系统设计、PLC 与触摸屏和变频器的综合应用等。

本书配套用于项目实训的仿真系统，书中所有项目案例及延伸案例均可在仿真系统中验证运行，为学习者带来了极大的便利。仿真系统虚实结合，也可对接真实设备同步运行。

本书以实际应用项目为基础，融理论与实践于一体，可作为大中专院校自动化类、智能制造类专业 PLC 应用技术相关课程教学用书，也可作为相关工程技术人员的 PLC 自学参考用书。

本书配有微课视频，扫描书中二维码即可观看。另外，本书配有仿真系统、实训指导书、所有实训项目源程序、电子课件等资源，可登录机械工业出版社教育服务网（www.cmpedu.com）免费注册，审核通过后下载，或联系编辑索取（微信：13261377872，电话：010-88379739）。

图书在版编目（CIP）数据

PLC 技术项目教程：三菱 FX3U 系列 / 王宝林，谢飞县主编 . -- 北京：机械工业出版社，2024.11.
（三菱电机工业自动化系列教材）. -- ISBN 978-7-111-77250-7

Ⅰ. TM571.61
中国国家版本馆 CIP 数据核字第 202479AB18 号

机械工业出版社（北京市百万庄大街 22 号　邮政编码 100037）
策划编辑：赵小花　　　　　　责任编辑：赵小花
责任校对：樊钟英　张昕妍　　责任印制：常天培
北京机工印刷厂有限公司印刷
2025 年 2 月第 1 版第 1 次印刷
184mm×260mm · 15.75 印张 · 430 千字
标准书号：ISBN 978-7-111-77250-7
定价：59.00 元

电话服务　　　　　　　　　　网络服务
客服电话：010-88361066　　　机　工　官　网：www.cmpbook.com
　　　　　010-88379833　　　机　工　官　博：weibo.com/cmp1952
　　　　　010-68326294　　　金　　书　　网：www.golden-book.com
封底无防伪标均为盗版　　　机工教育服务网：www.cmpedu.com

Preface 前 言

本书以三菱 FX_{3U} 系列 PLC 应用为主线,根据自动化设备安装与调试岗位对于专业知识和技能的需求,对教学内容进行了梳理与重构,将其分为六大模块,模块之间呈递进关系,知识由浅入深,技能由点到面,能力要求由课程实训到岗位实践,最终达成岗位培养目标。全书整体内容模块化,模块学习载体项目化,遵循学习者的认知规律,选取了可操作实施且实用性强的典型案例来呈现 PLC 课程的知识点与技能点,让 PLC 的指令学习不再抽象空洞,更容易理解,使学生对相关知识的学习更具目标性和针对性,提高其学习积极性,突出技能培养和职业习惯的养成。

本书项目设置上力求全面体现 PLC 课程的主要知识点,同时也融入了与 PLC 控制系统息息相关的触摸屏控制技术、变频器技术应用等内容,体现了知识的系统性和完整性及知识运用的多样性。不追求知识的面面俱到,而力求使学生掌握基本的方法、思路,注重培养学生的思维能力和自我学习能力,为今后的发展打下良好的基础。各项目设计的延伸案例,可以进一步培养和提高学生的设计能力和创新能力。

本书具有以下特色。

1. 打造全虚拟仿真系统

该系统包含 39 个典型实训项目,融入 PLC 常用知识点与技能点学习,配合虚拟串口工具和 PLC 模拟器,构建成一套可以完全脱离硬件系统的编程实训系统。本书所有项目案例及延伸案例都可以在仿真系统上验证运行,项目实训不局限于实训室,拓展了学习时间和空间。仿真系统传感器信号、控制信号使用 X 元件,编程平台为 GX Works2。仿真系统调试成功的程序,不需要任何修改即可直接对接真实设备。模块六介绍了利用 Factory IO 虚拟工厂构建三菱系列 PLC 全虚拟仿真系统实例,为学生通过虚拟工厂进行三菱 PLC 控制系统的综合设计与调试提供了较好的学习资料。

2. 构建虚实结合的实训平台

仿真系统中绝大部分实训项目以浙江亚龙智能装备集团股份有限公司可编程控制器实训装置平台为原型开发,在仿真系统中验证通过的程序,可对接真实设备进行安装接线及调试运行,例如电动机自动往返控制、四层电梯控制、立体仓库控制、变频器多段速控制等实训项目,仿真系统和真实平台可以同步运行,充分利用各自的优势,实现高效实训。本书配套仿真系统、实训指导书、所有实训项目源程序、电子课件等资源,方便课程教学。

3. 配套丰富的立体化教学资源

本书配套完善的数字化教学资源,每个实训项目都有视频展示控制要求和控制效果,使学生在学习之前对项目要求有非常清晰的认识;微课视频展现重要知识点与技能操作,资源库为广东省信息化建设资源库建设项目成果;配套广东省在线精品课程"PLC 技术应用",适合学生及社会工作者开展自学,教师开展"线上+线下"混合式教学。

本书由王宝林和谢飞县任主编，张红军、叶加建、李国材任副主编，陈明彪、潘绍炜、谌涛、卢彩金、陈群芳参编，由广东轻工职业技术大学杨绍忠主审，浙江亚龙智能装备集团股份有限公司的陈阳工程师对全书实训项目的设置提供了指导和支持，特此感谢。

因编者水平有限，书中难免有疏漏之处，恳请读者批评指正。

编　者

目录 Contents

前言

模块一　认识 PLC 及编程软件、仿真系统 …… 1

项目 1　了解 PLC 的硬件和工作原理 …… 2

学习目标 …… 2
项目描述 …… 2
项目实施 …… 2
1.1　认识 PLC …… 2
 1.1.1　PLC 的定义 …… 2
 1.1.2　PLC 的特点 …… 2
 1.1.3　PLC 的应用领域 …… 3
1.2　熟悉 PLC 的结构和工作原理 …… 4
 1.2.1　PLC 的结构 …… 4
 1.2.2　PLC 的工作原理 …… 5
1.3　认识三菱系列 PLC …… 6
 1.3.1　三菱 PLC 的分类 …… 6
 1.3.2　三菱 FX_{3U} 系列 PLC …… 7
1.4　认识 PLC 的输入/输出端子 …… 9
 1.4.1　输入接口及输入继电器 …… 9
 1.4.2　输出接口及输出继电器 …… 11
 1.4.3　输入/输出接口线路连接 …… 12
1.5　认识 PLC 中的数据 …… 12

项目 2　GX Works2 编程软件基本应用 …… 14

学习目标 …… 14
项目描述 …… 14
项目实施 …… 14
2.1　认识梯形图和指令表 …… 14
 2.1.1　梯形图 …… 14
 2.1.2　指令表 …… 16
 2.1.3　编辑梯形图常用触点指令与输出指令 …… 16
 2.1.4　梯形图编辑规则 …… 18
2.2　GX Works2 编程软件基本操作 …… 19
 2.2.1　GX Works2 编程软件 …… 19
 2.2.2　GX Works2 编程软件的主要功能 …… 19
 2.2.3　GX Works2 主界面及组成 …… 19
 2.2.4　程序的创建、编辑、运行及监视 …… 20

项目 3　PLC 模拟器的安装与使用 …… 26

学习目标 …… 26
项目描述 …… 26
项目实施 …… 26
3.1　PLC 模拟器与虚拟串口工具的安装 …… 26
 3.1.1　认识凌一 PLC 模拟器 …… 26
 3.1.2　模拟器的安装 …… 26
 3.1.3　虚拟串口工具的安装与设置 …… 26

3.2　PLC 模拟器的通信设置与
　　　基本操作 ·················· 28
　3.2.1　凌一 PLC 模拟器的
　　　　通信设置 ················ 28
　3.2.2　凌一 PLC 模拟器的
　　　　基本操作 ················ 28

项目 4　PLC 仿真系统的使用 ·········· 31

学习目标 ························· 31
项目描述 ························· 31
项目实施 ························· 31

4.1　PLC 仿真系统的安装及
　　　基本操作 ·················· 31
　4.1.1　PLC 仿真系统安装 ······· 31
　4.1.2　PLC 仿真系统基本操作 ···· 32
4.2　PLC 仿真系统的通信连接 ······ 34
　4.2.1　仿真系统与 PLC 模拟器的
　　　　通信连接 ················ 34
　4.2.2　仿真系统与真实三菱 PLC 的
　　　　通信连接 ················ 34
　4.2.3　其他注意事项 ············ 35
模块一习题 ······················· 36

模块二　PLC 基本指令的应用 ·········· 38

项目 5　电动机的自动往返控制 ········· 39

学习目标 ························· 39
项目描述 ························· 39
项目实施 ························· 40
5.1　电动机单向运转控制 ·········· 40
5.2　三相异步电动机的
　　　正反转控制 ················ 44
5.3　自动往返控制 ················ 48
相关知识 ························· 52
5.4　辅助继电器 M ················ 52
5.5　定时器 T ···················· 53
5.6　计数器 C ···················· 56
5.7　传感器与 PLC 的连接 ········· 57

项目 6　七段数码管循环显示控制 ······· 59

学习目标 ························· 59
项目描述 ························· 59
项目实施 ························· 60

相关知识 ························· 64
6.1　七段数码管简介 ·············· 64
6.2　PLC 的位元件、字元件、
　　　位组件 ···················· 65
6.3　MOV 指令 ··················· 67
6.4　INC 指令与 DEC 指令 ········· 68
6.5　区间复位指令 ZRST ·········· 69
6.6　脉冲指令 ···················· 70

项目 7　具有倒计时功能的
　　　十字路口交通灯控制系统
　　　安装与调试 ··············· 72

学习目标 ························· 72
项目描述 ························· 72
项目实施 ························· 73
7.1　设计定时器当前值控制的
　　　十字路口交通灯控制系统 ····· 73
7.2　设计计数器当前值控制的
　　　倒计时显示十字路口交通灯
　　　控制系统 ··················· 76
模块二习题 ······················· 80

模块三　PLC 功能指令及应用　82

项目 8　简单三层电梯控制系统安装与调试 ················· 83

学习目标 ·· 83
项目描述 ·· 83
项目实施 ·· 84
相关知识 ·· 88
 8.1　功能指令的使用要素、含义及分类 ··············· 88
 8.2　数据比较指令 CMP ······························ 90
 8.3　七段数码译码指令 SEGD ························ 91

项目 9　抢答控制系统安装与调试 ·· 92

学习目标 ·· 92
项目描述 ·· 92
项目实施 ·· 93
 9.1　用普通指令实现抢答控制系统 ··················· 93
 9.2　用主控指令 MC 实现抢答控制系统 ··············· 95
 9.3　增加犯规报警的抢答控制系统 ··················· 97
 9.4　带触摸屏抢答功能的译码指令抢答控制系统 ······ 98
相关知识 ··· 100
 9.5　主控指令 MC 与主控复位指令 MCR ············· 100

项目 10　PLC 时钟控制系统设计与调试 ·············· 102

学习目标 ··· 102
项目描述 ··· 102
项目实施 ··· 103
 10.1　触摸屏读写 PLC 时钟程序设计 ················ 103
 10.2　课间响铃程序设计 ···························· 104
 10.3　整点报时程序设计 ···························· 106
相关知识 ··· 107
 10.4　TRD 时钟读取指令 ··························· 107
 10.5　写时钟指令 TWR ····························· 108
 10.6　取反指令 INV ································ 109

项目 11　自动售货机控制系统安装与调试 ············· 110

学习目标 ··· 110
项目描述 ··· 110
项目实施 ··· 111
相关知识 ··· 114
 11.1　区间比较指令 ZCP ···························· 114
 11.2　加法指令 ADD 与减法指令 SUB ··············· 114
 11.3　乘法指令 MUL 与除法指令 DIV ··············· 115

项目 12　四层电梯控制系统安装与调试 ············· 117

学习目标 ··· 117
项目描述 ··· 117
项目实施 ··· 118
相关知识 ··· 124
 12.1　PLC 控制系统设计步骤 ······················· 124
 12.2　PLC 的选用 ·································· 124
 12.3　硬件系统设计 ································ 124
 12.4　程序设计及调试 ······························ 124
 12.5　编写有关技术文件 ···························· 125

模块三习题 ··· 125

模块四　PLC 步进顺序控制设计及应用 ……………… 127

项目 13　钻孔加工控制系统
　　　　安装与调试 ………………… 128
　学习目标 ………………………………… 128
　项目描述 ………………………………… 128
　项目实施 ………………………………… 128
　相关知识 ………………………………… 133
　13.1　顺序控制与顺序功能图 …………… 133
　13.2　状态寄存器 ………………………… 134
　13.3　SFC 块图编程 ……………………… 135
　13.4　步进梯形图编程法 ………………… 137
　　　13.4.1　STL 与 RET 步进指令 ……… 137
　　　13.4.2　步进梯形图编程注意事项 …… 138

项目 14　机械手搬运及物料
　　　　分拣系统安装与调试 ……… 140
　学习目标 ………………………………… 140
　项目描述 ………………………………… 140
　项目实施 ………………………………… 142

　14.1　简单机械手控制系统
　　　　安装与调试 …………………… 142
　14.2　多模式机械手控制系统
　　　　安装与调试 …………………… 147
　14.3　YL-235A 物料分拣控制系统
　　　　安装与调试 …………………… 152
　相关知识 ………………………………… 158
　14.4　跳转指令 CJ ………………………… 158

项目 15　立体仓库控制系统
　　　　安装与调试 ………………… 160
　学习目标 ………………………………… 160
　项目描述 ………………………………… 160
　项目实施 ………………………………… 161
　15.1　I/O 分配 …………………………… 161
　15.2　I/O 接线图 ………………………… 162
　15.3　程序编写与调试 …………………… 162
　模块四习题 ……………………………… 162

模块五　PLC、触摸屏、变频器综合控制设计及应用 ……………… 163

项目 16　八路抢答器控制
　　　　MCGS 界面开发及
　　　　PLC 联机调试 ……………… 164
　学习目标 ………………………………… 164
　项目描述 ………………………………… 164
　项目实施 ………………………………… 165
　16.1　制作八路抢答器 MCGS 界面 …… 165
　16.2　八路抢答器 MCGS 界面
　　　　通信连接及界面测试 ………… 171

项目 17　十字路口交通灯控制
　　　　MCGS 界面开发及
　　　　PLC 联机调试 ……………… 177
　学习目标 ………………………………… 177
　项目描述 ………………………………… 177
　项目实施 ………………………………… 178
　17.1　制作十字路口交通灯控制
　　　　MCGS 界面 …………………… 178
　17.2　十字路口交通灯控制
　　　　MCGS 界面模拟运行测试 …… 182

项目 18　多模式机械手与物料分拣装置 MCGS 界面开发及 PLC 联机调试 …… 183

　学习目标 …… 183
　项目描述 …… 183
　项目实施 …… 184
　18.1　多模式机械手 MCGS 界面开发与通信设置 …… 184
　18.2　YL-235A 物料分拣装置 MCGS 界面开发 …… 188

项目 19　变频器多段速控制与电机测速及显示 …… 190

　学习目标 …… 190
　项目描述 …… 190
　项目实施 …… 191
　19.1　变频器多段速控制 …… 191
　19.2　变频器调速的电机转速测量装置安装及程序设计 …… 195
　相关知识 …… 196
　19.3　三菱 FR-E740 变频器 …… 196
　模块五习题 …… 200

模块六　PLC 模拟量、脉冲量和通信指令应用 …… 201

项目 20　基于 Factory IO 的综合实训项目设计与调试 …… 202

　学习目标 …… 202
　项目描述 …… 202
　项目实施 …… 204
　20.1　基于 Factory IO 虚拟工厂的三菱系列 PLC 仿真系统构建 …… 204
　20.2　虚拟工厂堆垛控制系统设计与调试 …… 205
　20.3　虚拟工厂立体仓库设计与调试 …… 207

项目 21　PLC 模拟量控制 …… 209

　学习目标 …… 209
　项目描述 …… 209
　项目实施 …… 211
　21.1　变频器模拟量控制调速及测速 …… 211
　21.2　模拟量控制反应釜加热加压 …… 212
　相关知识 …… 214
　21.3　FX_{3U}-3A-ADP 模拟量特殊适配器 …… 214

项目 22　PLC 连接通信 …… 218

　学习目标 …… 218

　项目描述 …… 218
　项目实施 …… 218
　22.1　并联通信 …… 218
　22.2　N∶N 通信 …… 219
　相关知识 …… 221
　22.3　PLC 通信基础知识 …… 221
　22.4　并联通信相关知识 …… 223
　22.5　N∶N 通信相关知识 …… 224

项目 23　PLC 高速计数器与高速处理指令 …… 226

　学习目标 …… 226
　项目描述 …… 226
　项目实施 …… 226
　23.1　编码器控制的传送机构行程检测和显示 …… 226
　23.2　使用脉冲输出指令实现步进电动机的控制 …… 228
　相关知识 …… 229
　23.3　高速计数器 …… 229
　　23.3.1　单相单输入高速计数器 …… 231
　　23.3.2　单相双输入高速计数器 …… 232
　　23.3.3　双相双输入高速计数器 …… 232

23.4 高速处理指令 ·················· 233
   23.4.1 高速计数器比较置位指令
       HSCS ···················· 233
   23.4.2 高速计数器比较复位指令
       HSCR ···················· 233
   23.4.3 脉冲输出指令 PLSY ········ 233
模块六习题 ························· 234

附录 ······························ 235
  附录 A 任务考核评价标准 ············ 235
  附录 B FX$_{3U}$ 系列 PLC 软元件
       编号表 ···················· 236
  附录 C 三菱 FR-E740 变频器的
       常用参数 ·················· 238

参考文献 ······························ 242

模块一

认识 PLC 及编程软件、仿真系统

```
                                    ┌── PLC的特点及应用
                                    ├── PLC的结构与各部分作用
                 项目1：PLC硬件和工作原理 ┼── PLC的工作原理
                                    ├── PLC的输入/输出端子及线路连接
                                    └── PLC的数据结构

                                    ┌── 梯形图语言基本规则
                 项目2：GX Works2基本应用 ┼── 梯形图常用触点指令与输出指令
                                    └── GX Works2编程软件基本操作
   模块一
                                    ┌── 认识PLC模拟器与虚拟串口工具
                 项目3：PLC模拟器的安装与使用 ┼── 凌一PLC模拟器的通信设置
                                    └── 凌一PLC模拟器的基本操作

                                    ┌── PLC仿真系统安装与基本操作
                 项目4：PLC仿真系统的使用 ┼── PLC仿真系统与PLC模拟器的通信设置
                                    └── PLC仿真系统与真实PLC的通信设置
```

项目 1　了解 PLC 的硬件和工作原理

学习目标

1. 了解 PLC 的定义、特点与应用领域。
2. 了解 PLC 的工作原理。
3. 熟悉三菱 FX_{3U} 系列 PLC 的结构组成与型号定义。
4. 熟悉 PLC 的输入/输出端子。
5. 了解 PLC 技术在国民经济建设中的重要地位,培养爱国情怀。

项目描述

本项目是在认识 PLC 的基础上,了解 PLC 的工作原理,并以三菱 FX_{3U} 系列 PLC 为例,熟悉 PLC 的结构组成、型号定义与输入/输出端子。

项目实施

1.1　认识 PLC

1.1.1　PLC 的定义

可编程控制器(Programmable Logic Controller)简称 PLC,它是在电气控制技术和计算机技术的基础上开发出来的,并逐渐发展成为以微处理器为核心,将自动化技术、计算机技术、通信技术融为一体的新型工业控制装置。几款常见的 PLC 外观如图 1-1 所示。PLC 广泛应用于各种生产机械和生产过程的自动控制中。

国际电工委员会(IEC)对可编程控制器定义为:可编程控制器是一种数字运算操作的电子装置,专为在工业环境下应用而设计。它采用可编程序的存储器,在其内部存储执行逻辑运算、顺序控制、定时、计数和算术运算等操作指令,可以处理数字式和模拟式的输入和输出信号,控制各种类型的机械或生产过程。可编程控制器及其有关外围设备都应按易于与工业系统连成一个整体、易于扩充其功能的原则设计。

定义强调了 PLC 应直接应用于工业环境,必须具有很强的抗干扰能力、广泛的适应能力和广阔的应用范围,这是区别于一般微机控制系统的重要特征。同时,也强调了 PLC 用软件方式实现的"可编程"与传统控制装置中通过硬件或硬接线的变更来改变程序的本质区别。

1.1.2　PLC 的特点

PLC 技术之所以高速发展,主要是因为它具有许多独特的优点。它较好地解决了工业领域中普遍关心的可靠、安全、灵活、方便等问题。PLC 主要具有以下特点。

图 1-1 几款常见的 PLC 外观

（1）可靠性高、抗干扰能力强　可靠性高、抗干扰能力强是 PLC 最重要的特点之一。PLC 的平均无故障时间可达几十万个小时，之所以有这么高的可靠性，是由于它采用了一系列的硬件和软件的抗干扰措施。

（2）编程简单、使用方便　目前，大多数 PLC 采用的编程语言是梯形图语言，它是一种面向生产、面向用户的编程语言。梯形图与电气控制电路图相似，形象、直观，很容易让广大工程技术人员掌握。

（3）功能完善、通用性强　目前 PLC 产品已经标准化、系列化和模块化，功能更加完善，不仅具有逻辑运算、定时、计数、顺序控制等功能，而且还具有 A/D 和 D/A 转换、数值运算、数据处理 PID 控制、通信联网等功能。用户可根据需要灵活选用相应模块，以组成满足各种要求的控制系统。

（4）设计安装简单、维护方便　由于 PLC 用软件代替了传统电气控制系统的硬件，因此控制柜的设计、安装、接线工作量大为减少。PLC 的用户程序大部分可在前期模拟调试成功后再到现场应用，缩短了应用设计和调试周期。在维护方面，由于 PLC 的故障率极低，维护工作量很小，而且 PLC 具有很强的自诊断功能，如果出现故障，可根据 PLC 上的指示或编程器上提供的故障信息，迅速查明原因，因此其维护极为方便。

1.1.3　PLC 的应用领域

目前，PLC 已广泛应用于冶金、石油、化工、建材、机械制造、电力、汽车、轻工等行业，随着 PLC 性价比的不断提高，其应用领域还在不断扩大。PLC 的应用大致可归纳为以下几个方面。

（1）顺序控制　利用 PLC 最基本的逻辑运算、定时、计数等功能实现顺序控制，可以取代传统的继电器 - 接触器控制，用于单机控制、多机群控制、自动生产线控制等，如机床、注塑机、印刷机械、装配生产线、电镀流水线及电梯的控制等。这是 PLC 最基本的应用，也是 PLC 最广泛的应用领域。

（2）运动控制　多数 PLC 有专用的运动控制模块对步进电机、伺服电机进行位置控制。这一功能广泛用于各种机械设备，如对各种机床、装配机械、机器人等进行运动控制。

（3）过程控制　过程控制是指对温度、压力、流量等连续变化的模拟量进行闭环控制。PLC 通过具有多路模拟量的 I/O 模块，实现模拟量和数字量的转换，并对模拟量实行闭环 PID 控制，广泛用于锅炉、反应堆、水处理、酿酒以及闭环位置控制和速度控制等方面。

（4）数据处理　现代 PLC 都具有数学运算、数据传送、转换、排序和查表等功能，可进行数据的采集、分析和处理，同时可通过通信接口将这些数据传送给其他智能装置 [如计算机数值控制（CNC）设备] 进行处理。

（5）通信联网　PLC 的通信包括 PLC 与 PLC、PLC 与上位计算机、PLC 与其他智能设备（如变频器和触摸屏等）之间的通信，PLC 系统与通用计算机可直接或通过通信处理单元、通信转换单元相连构成网络，以实现信息的交换，并可构成"集中管理、分散控制"的多级分布式控制系统，满足工厂自动化系统发展的需要。

1.2 熟悉 PLC 的结构和工作原理

1.2.1 PLC 的结构

　　PLC 是专为工业现场应用而设计的控制器，采用了典型的计算机结构，由硬件和软件两大系统组成。

　　PLC 种类繁多，但其结构和工作原理基本相同，都是采用微处理器为核心的结构，实际上可以说 PLC 是一种新型的工业控制计算机。PLC 硬件系统主要由中央处理单元（CPU）、输入/输出（I/O）接口、通信接口、存储器、电源等组成，图 1-2 所示为 PLC 结构示意图。

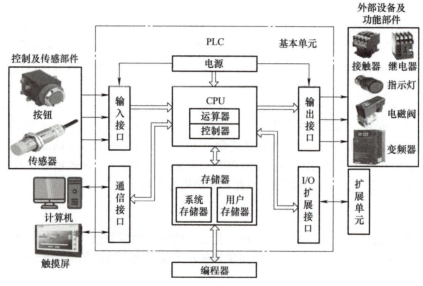

图 1-2　PLC 结构示意图

　　（1）中央处理单元　中央处理单元又称中央控制器，它是 PLC 的核心，用来完成 PLC 内部所有的控制和监视操作。

　　（2）存储器　在 PLC 中有两种存储器：系统存储器和用户存储器。

　　系统存储器用来存放由 PLC 生产厂家编写好的系统程序，并将其固化在只读存储器（ROM）内，用户不能直接更改。存储器中的系统程序负责解释和编译用户编写的程序、监控 I/O 接口的状态、对 PLC 进行自诊断、扫描用户程序等。

　　用户存储器包括用户程序存储器和用户数据存储器两部分。用户程序存储器用来存放用户根据控制要求而编制的应用程序。目前，大多数 PLC 采用可随时读写的快闪存储器（Flash）作为用户程序存储器，它不需要后备电池，掉电时数据也不会丢失。用户数据存储器用来存放（记忆）程序中所用器件的 ON/OFF 状态和数据等。

　　（3）输入/输出接口　PLC 的输入/输出接口是 PLC 与工业现场设备相连接的端口。PLC 的输入和输出信号可以是数字量或模拟量，其接口是 PLC 内部弱电信号和工业现场强电信号联系的桥梁。接口主要起到隔离保护（电隔离电路使工业现场与 PLC 内部进行隔离）和信号调整作用（把不同的信号调整成 CPU 可以处理的信号）。

(4)扩展单元 扩展单元是对基本单元的输入/输出接口进行扩展，一般需和基本单元配合使用。

(5)通信接口 PLC通信接口主要用来实现"人–机"或者"机–机"之间的对话，PLC通过通信接口可以与计算机、触摸屏等外部设备相连，也可以与其他PLC相连。

1.2.2　PLC的工作原理

如图1-3所示为PLC循环扫描的工作过程。PLC工作时的扫描过程可分为内部处理、通信处理、输入采样、程序执行、输出刷新5个阶段。PLC有STOP（停止）工作模式和RUN（运行）工作模式。当PLC处于STOP工作模式时，只进行内部处理和通信处理等内容。当PLC处于RUN工作模式时，从内部处理、通信处理，到输入采样、程序执行、输出刷新，一直循环进行扫描工作。

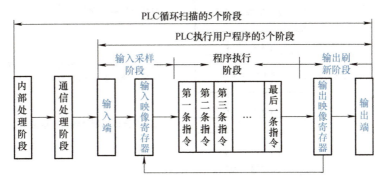

图1-3　PLC循环扫描的工作过程

PLC执行用户程序则分为输入采样、程序执行、输出刷新3个阶段，CPU从第一条指令开始执行程序，直到遇到END符号后又返回第一条，如此重复，不断循环执行。详细程序运行工作过程如图1-4所示。

(1)输入采样阶段 在输入采样阶段，PLC首先顺序扫描所有输入端子，读取各输入端子状态，采样结束后，根据输入端子状态刷新输入映像寄存器，此时输入映像寄存器的内容被锁定保持，并将作为程序执行时的条件。PLC程序运行过程中，输入信号状态是读取输入映像寄存器的内容，而不是读取输入端子的实时状态。

PLC为集中采样，对输入状态的扫描只在输入采样阶段进行，即在程序执行阶段或输出刷新阶段，即使输入端状态发生变化，输入映像寄存器的内容也不会改变，只有到下一个扫描周期的输入采样阶段才能读入新的状态。

> **注意：**输入信号的脉宽要大于一个扫描周期，也就是说，输入信号的频率不能太高，否则可能造成信号丢失。

(2)程序执行阶段 根据PLC梯形图扫描原则，按先左后右、先上后下的步序，逐条指令进行扫描，并根据各I/O状态和有关指令进行运算和处理，将结果写入输出映像寄存器中。

(3)输出刷新阶段 在程序执行完毕后，CPU将输出信号从输出映像寄存器中取出，送到输出锁存电路，驱动输出继电器线圈，控制被控设备执行相应动作。PLC只有在程序执行完毕后的输出刷新阶段才改变原输出状态，输出刷新后将保持当前输出状态，直至下一次程序扫描的输出刷新。即PLC为集中输出，在一个扫描周期内，只有在输出刷新阶段才将输出映像寄存器中的状态输出，在其他阶段，输出值一直保存在输出映像寄存器中。

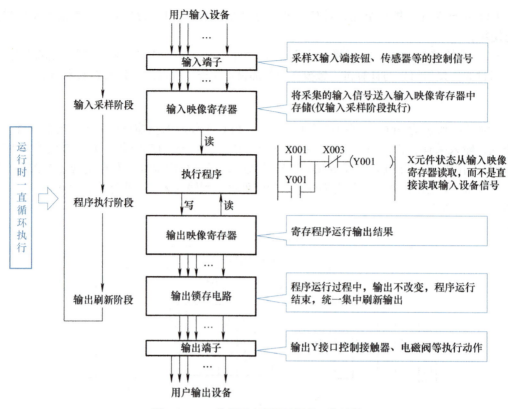

图 1-4　PLC 执行用户程序运行的工作过程

PLC 正常运行时完成一次扫描所用的时间称作 PLC 扫描周期。扫描周期的长短与用户程序的长度和扫描速度有关，其典型的扫描周期为 1～100ms。

1.3　认识三菱系列 PLC

1.3.1　三菱 PLC 的分类

按 PLC 的输入/输出（I/O）点数分，可以分为小型机、中型机和大型机。三菱系列 PLC 的分类见表 1-1。

表 1-1　三菱系列 PLC 的分类

PLC 分类	特点	典型机型
小型机	I/O 点数一般在 256 以下，其特点是体积小、结构紧凑，整个硬件融为一体。除了开关量 I/O 以外，还可以连接模拟量 I/O 以及其他各种特殊功能模块。它能执行逻辑运算、计时、计数、算术运算、数据处理和传送、通信联网以及各种应用指令	FX 系列
中型机	I/O 点数一般在 256～2048 之间，采用模块化结构。I/O 除了采用一般 PLC 通用的扫描处理方式外，还能采用直接处理方式，即在扫描用户程序的过程中，直接读输入，刷新输出。它能连接各种特殊功能模块，通信联网功能更强，指令系统更丰富，内存容量更大，扫描速度更快	Q 系列
大型机	I/O 点数一般在 2048 以上。大型 PLC 的软、硬件功能极强，具有极强的自诊断功能。通信联网功能强，有各种通信联网的模块，可以构成三级通信网，实现工厂生产管理自动化	L 系列

按照结构形式分类，可分为整体式、模块式、紧凑式三种，如图 1-5 所示。

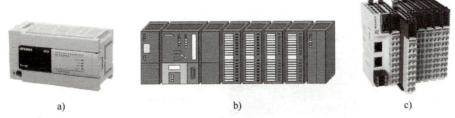

图 1-5　PLC 结构形式

a）整体式 PLC　b）模块式 PLC　c）紧凑式 PLC

（1）整体式 PLC　整体式 PLC 是将电源、CPU、I/O 接口等部件都集成为一个主体，具有结构紧凑、体积小、价格低的特点，小型 PLC 一般采用这种结构，FX_{3U} 系列 PLC 便属于整体式 PLC。整体式 PLC 由基本单元和扩展单元组成，基本单元内有 CPU、I/O 接口、扩展接口等，扩展接口可以连接扩展单元，基本单元和扩展单元之间一般用扁平电缆连接。整体式 PLC 一般还可配备特殊功能模块，如模拟量 I/O 模块、位置控制模块等，使其功能得以扩展。

（2）模块式（组合式）PLC　模块式 PLC 是将 CPU、输入接口、输出接口、电源、I/O 单元、通信单元等分别作为单独的模块，各模块可以插在带有总线的模板上。装有 CPU 的模块称为 CPU 模块，其他称为扩展模块。模块式 PLC 的特点是配置灵活，可根据需要选配不同规模的系统，而且装配方便，便于扩展和维修。大中型 PLC 一般采取模块式结构，三菱 Q 系列和 L 系列都采取模块式结构。

（3）紧凑式 PLC　紧凑式 PLC 既有整体式 PLC 的基本单元，又有模块式 PLC 的扩展单元和特殊功能模块，可以说，具有模块式 PLC 的结构，整体式 PLC 的价格。综合了整体式 PLC 与模块式 PLC 的优点，形式灵活，价格适中。中小型 PLC 常采用紧凑式结构。

1.3.2　三菱 FX_{3U} 系列 PLC

1. 三菱 FX_{3U} 系列 PLC 结构组成

FX_{3U} 系列 PLC 是三菱公司开发的第三代小型 PLC 系列产品，也是三菱公司目前小型 PLC 中 CPU 性能最高的、适用于网络控制的 PLC 产品。它的主要特点是运算速度提高、存储器容量扩大、编程功能增强、高速计数以及通信功能增强。图 1-6 所示为三菱 FX_{3U}–48M 型 PLC 结构示意图。

（1）停止/运行开关

用来改变 PLC 的工作模式，切换到 RUN 位置，运行指示灯（RUN）变亮，允许执行用户程序。PLC 处于 RUN 模式时，可以通过程序控制 PLC 的停止与运行。切换到 STOP 位置，则 PLC 停止运行，运行指示灯（RUN）熄灭，不执行用户程序。

（2）通信接口

通信接口常用来连接计算机，从而进行程序下载或者监视，或者与其他自动化控制设备（上位机、触摸屏等）进行通信。通信线与 PLC 连接时，务必注意通信线接口内的"引脚"与 PLC 上的接口正确对应后才可用力插上，以免损坏接口。

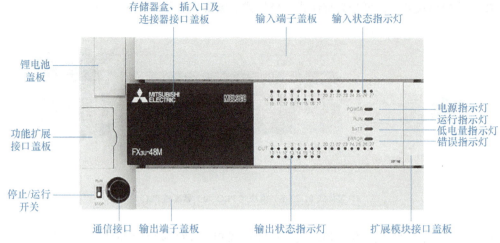

图 1-6　三菱 FX_{3U}-48M 型 PLC 结构示意图

（3）状态指示灯
- 输入状态指示灯：当输入端子有输入信号时，对应指示灯点亮。
- 输出状态指示灯：当输出端子输出为 ON 时，对应指示灯点亮。
- 电源指示灯（POWER，绿灯）：PLC 接通 220V 交流电源后，该灯点亮。
- 运行指示灯（RUN，绿灯）：当 PLC 处于正常运行状态时，该灯点亮。
- 低电量指示灯（BATT，红灯）：如果该指示灯点亮，说明锂电池电压不足，应更换。
- 错误指示灯（ERROR，红灯）：如果该指示灯闪烁，则代表程序错误；如果该指示灯常亮，则代表 CPU 错误。

2. 三菱 FX_{3U} 系列 PLC 型号含义

三菱 FX_{3U} 系列 PLC 基本单元的型号含义如下。

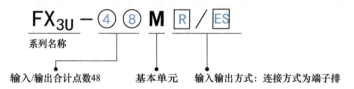

- 输入／输出点数：主要有 16 点、32 点、48 点、64 点、80 点和 128 点等，输入和输出点数均为合计点数的一半，如果基本单元输入／输出点数不够用，可以通过扩展单元来增加。
- 单元类型：M 表示基本单元，E 表示 I/O 混合扩展单元与扩展模块，EX 表示输入专用扩展模块，EY 表示输出专用扩展模块。
- 电源及输出方式如下。
    - R/ES——AC 电源／继电器输出；
    - T/ES——AC 电源／晶体管（漏型）输出；
    - T/ESS——AC 电源／晶体管（源型）输出；
    - R/DS——直流电源／继电器输出；
    - T/DS——直流电源／晶体管（漏型）输出；
    - S/ES——AC 电源／晶闸管输出；
    - T/DSS——DC 电源／晶体管（源型）输出。

1.4 认识 PLC 的输入/输出端子

打开 PLC 的端子盖板后，出现如图 1-7 所示的接线端子。

- 电源端子：外接交流电源。
- 输入公共端子：S/S 端子，在外接按钮、开关和传感器等外部信号元件时必须连接的一个公共端子。
- DC 24V 端子：PLC 内部直流电源输出端子，可以作为 PLC 外部传感器供电电源。
- 输入端子：X 端子，输入继电器的接线端子，是将外部信号引入 PLC 的信号通道。
- 输出端子：Y 端子，输出继电器的接线端子，是 PLC 输出结果控制外部负载的信号通道。
- 输出公共端子：COM 端子，PLC Y 输出开关的公共端，是 PLC 连接负载时必须连接的端子。继电器输出型 PLC 的输出会设置多个 COM 端子，例如图 1-7 中，Y0～Y3 共用 COM1，Y4～Y7 共用 COM2，等等。PLC 设置不同的公共端子可以连接不同的电源类型及电源等级，以满足不同电压类型和电压等级的负载控制需要。

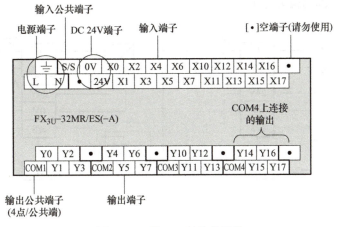

图 1-7 三菱 PLC 的接线端子

FX 系列 PLC 梯形图中的编程元件名称由字母和数字组成，它们分别表示元件的类型和元件编号。输入继电器名称用字母 X 表示，输出继电器名称用字母 Y 表示，如 X0、Y1 等。输入继电器和输出继电器的元件编号用八进制数表示。八进制数只有 0～7 这 8 个数字符号，遵循"逢八进一"的运算规则，所以输入继电器 X 和输出继电器 Y 没有 8 和 9 的编号，这点在编程的时候要注意。

1.4.1 输入接口及输入继电器

输入继电器位于 PLC 存储器的输入映像寄存器区域，其外部有一对物理的输入端子与之对应。其线圈的得电与失电由外部的按钮、位置开关、传感器等输入信号控制，触点通断状态供程序执行使用。PLC 的输入继电器结构示意图如图 1-8 所示。输入继电器的作用是在每次扫描周期开始时，由 CPU 对输入点进行采样，并将采样值存于输入映像寄存器中。采样值（即相当于输入继电器的常闭和常开触点）供用户编程使用。

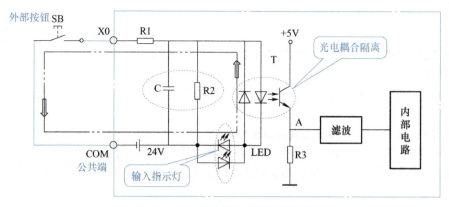

图 1-8　PLC 输入继电器结构示意图

如图 1-9 所示为 PLC 的输入接线方式，有漏型和源型两种方式。X 端子外接按钮或者开关作为输入时，漏型输入接法和源型输入接法使用上没有区别。外接传感器时，选择漏型或源型输入是很关键的，如果选错则不能匹配：若传感器为 PNP 型，应选择源型输入接法；若为 NPN 型，应选择漏型输入接法。

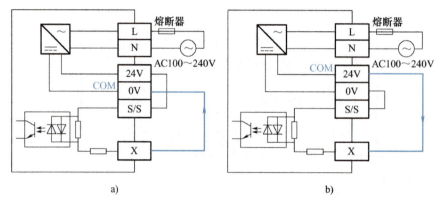

图 1-9　PLC 的输入接线方式

a）输入端漏型接法　b）输入端源型接法

图 1-10 所示为 PLC 输入电路示意图，X0 端子外接的输入电路接通时，它对应的输入映像寄存器区域的状态为 1，程序中 X0 软元件的常开触点接通；断开时状态为 0，程序中 X0 的常闭触点接通。输入继电器的状态唯一取决于外部输入信号的状态，不受用户程序的控制，因此梯形图中只有输入继电器 X 的触点，没有输入继电器 X 的线圈。

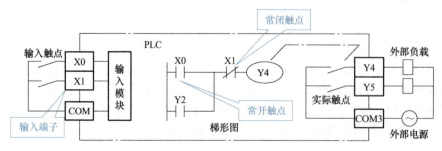

图 1-10　PLC 输入电路示意图

1.4.2 输出接口及输出继电器

输出继电器位于 PLC 存储器的输出映像寄存器区域，PLC 外部有一对物理的输出端子与之对应。输出继电器线圈只能使用程序指令驱动，其常开触点和常闭触点可供用户编程使用，但每一个输出继电器只有唯一的物理常开触点用来接通负载。输出继电器的作用是在扫描周期结束时，由 CPU 将输出映像寄存器的数值输出到物理输出点上，也就是把程序执行的结果传递给负载。

PLC 的接口输出有三种方式，分别是继电器输出型、晶体管输出型和晶闸管输出型。图 1-11 所示为继电器输出型输出接口原理图及等效电路。

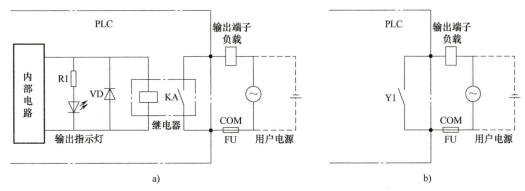

图 1-11 继电器输出型输出接口原理图及等效电路

a）继电器输出型输出接口原理图　b）继电器输出型输出接口等效电路

1）继电器输出型：交流及直流电源都适用；触点工作电流大（2A），可以直接驱动负载。缺点是开关速度慢。一般用于开关响应时间长、开关频率不高的场合，如常规电机控制、电磁阀的控制等。

2）晶体管输出型：优点是开关速度快，但工作电流小（0.2～0.3A），且只适用于直流电源。一般用于步进电机、伺服电机控制等场合。

3）晶闸管输出型：优点是开关速度快，与晶体管输出都属于无触点输出。缺点是只适用于交流电源，且过载能力差。

PLC 输出公共端的设置是若干输出端子构成一组，共用一个输出公共端，各组的输出公共端用 COM1、COM2 等表示。例如 Y0～Y3 共用 COM1。各公共端之间相互独立，可使用不同类型和电压等级的负载驱动电源。输出接口连接不同类型和电压等级时不能共用一个公共端，如图 1-12 所示为继电器输出型 PLC 输出接线方式，三个不同的公共端可连接三种电源类型的负载对象。

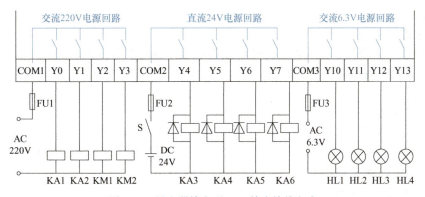

图 1-12 继电器输出型 PLC 输出接线方式

1.4.3 输入/输出接口线路连接

图 1-13 所示为常用的输入元器件和输出元器件在 PLC 输入/输出接口的连接，输入端采用漏型接法，S/S 端子连接 DC 24V 正极，0V 为输入公共端 COM，对应的输入传感器为 NPN 型传感器。输出类型为继电器输出，输出端可以连接不同电源类型、不同电压等级的负载。

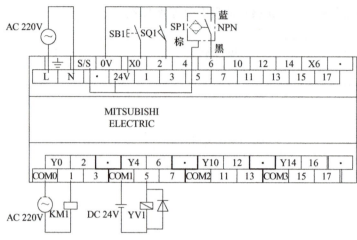

图 1-13　PLC 输入/输出接口线路连接

1.5　认识 PLC 中的数据

PLC 是以微处理器为基础的通用工业控制装置，PLC 内部和用户应用程序中涉及大量数据的应用，这些数据采用不同的进制。

（1）二进制

二进制数只有 1 和 0 两种状态，对应电路的通与断，是 CPU 唯一能识别和处理的数据。PLC 中内部元件 X、Y、M、S 的通断状态就是用二进制表示的。表示二进制时，在数值前面加上字母 B，例如：B10101。

（2）八进制

八进制的规则是逢八进一。在 PLC 中用到八进制的地方就是输入继电器和输出继电器的编号，如 0、27 等。输入继电器和输出继电器没有 8、19 等元件编号，这一点在编程的时候需要注意。

（3）十进制

十进制是生活中最常见的进制，PLC 中内部元件辅助继电器 M、定时器 T、计数器 C、状态寄存器 S 的地址编号都为十进制。表示十进制时，在数值前面加上字母 K，例如：K20、K105。

（4）十六进制

十六进制的规则是逢十六进一，与十进制数相比，多了 A、B、C、D、E、F 六个英文符号。十六进制与二进制的转换非常简便，用 4 位二进制数描述 1 位十六进制数即可。表示十六进制时，在数值前面加上字母 H，例如：H3B、HA10F。

不同进制的转换见表 1-2。

表1-2 十进制、二进制和十六进制的转换

十进制	二进制	十六进制	十进制	二进制	十六进制
0	0000	0	8	1000	8
1	0001	1	9	1001	9
2	0010	2	10	1010	A
3	0011	3	11	1011	B
4	0100	4	12	1100	C
5	0101	5	13	1101	D
6	0110	6	14	1110	E
7	0111	7	15	1111	F

项目 2 GX Works2 编程软件基本应用

学习目标

1. 熟悉梯形图常用触点指令与输出指令。
2. 熟悉 GX Works2 编程软件基本操作。
3. 培养一丝不苟、严谨细致的职业素养。

项目描述

该项目包括认识梯形图和指令表、GX Works2 编程软件基本操作两个部分。

项目实施

2.1 认识梯形图和指令表

2.1.1 梯形图

GX Works2 编程软件支持梯形图等 PLC 编程。梯形图是最早使用的一种 PLC 编程语言，也是现在最常用的 PLC 编程语言。梯形图是从电气控制原理图的基础上演变而来的（如图 2-1 所示），与电气控制原理图的基本思想是一致的，只是在使用符号和表达方式上有一定区别。它的最大特点就是直观清晰、简单易学。如图 2-1 所示，整个图形看起来像一架"梯子"，故称之为梯形图。

梯形图简介

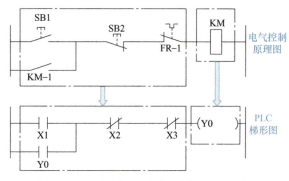

图 2-1 PLC 梯形图与电气控制原理图的对比

PLC 梯形图中的某些编程元件沿用了继电器这一名称，例如输入继电器、输出继电器、内部辅助继电器等。PLC 编程元件不是真实的物理继电器（硬件继电器），而是与 PLC 存储器的元件映像区中的一个存储单元相对应。例如输入继电器 X0，实际编程使用时，是调用 PLC 输入扫描时存储在输入映像寄存器 X0 中的数据。

1. 母线

如图 2-2 所示，梯形图两边的竖线称为母线，母线之间是触点的逻辑连接和线圈的输出。看梯形图时可以假想左母线为电源＋极，右母线为电源－极，当程序执行时，就像继电器电路里有电流流过一样。事实上，梯形图里是没有电流的，只是假想的概念电流，也称为"能流"。当输出线圈连接左母线的触点通路接通时，右端的线圈 Y0 被激励得到输出。输出继电器线圈 Y0 可以把运算结果通过输出接口输出，用以驱动指示灯、电磁阀、接触器线圈等外部元件。

2. 梯级和分支

梯级又称为逻辑行，它是梯形图的基本组成部分。梯级是指从梯形图的左母线出发，经过驱动条件和驱动输出到达右母线所形成的一个完整的信号流回路。每个梯级至少有一个输出元件或指令，整个梯形图就是由多个梯级从上到下组合而成的。对每一个梯级来说，其结构由与左母线相连的驱动条件和与右母线相连的驱动输出所组成，当驱动条件满足时，相应的输出被驱动。

当一个梯级有多个输出时，第一个输出之外的其他输出支路称为分支。分支和梯级驱动输出共用一个驱动条件时，为一般分支。如果分支上本身还有触点等驱动条件，称为堆栈分支。梯级本身是一个程序行，一个分支也是一个程序行。

梯形图按梯级从上到下编写，每一梯级按从左到右的顺序编写，PLC 对梯形图的执行顺序和梯形图的编写顺序是相同的。

3. 步序编址

步序编址是针对每一个梯级，在左母线左侧可标注一个数字，这个数字的含义是该梯级程序步编址的首址。程序步是三菱 FX 系列 PLC 用来描述其用户程序所占存储容量的一个术语，每一步占用一个字，不同指令根据其复杂程度占用不同的程序步。步序编址从 0 开始，到 END 结束。用户程序的程序步不能超过 PLC 用户程序容量所允许的程序步。步序编址在编程软件中是自动计算并显示的，不需要用户输入。

4. 驱动条件

在梯形图中，驱动条件是指编程位元件的触点逻辑组合，仅当这个逻辑组合运算结果为真时，输出元件才能被驱动输出。逻辑运算是按梯形图中从上到下、从左至右的顺序进行的。梯形图也可以认为是由各个触点连接组成的一个逻辑运算方程，线圈的输出就是逻辑运算的结果，如图 2-3 所示，运算结果马上可以被后面的逻辑运算所利用。

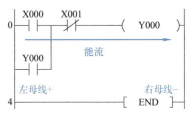

图 2-2　PLC 梯形图母线与能流

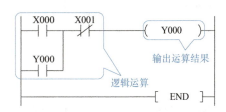

图 2-3　梯形图等效的逻辑方程及输出结果

逻辑运算是根据输入映像寄存器中 I/O 的值，而不是根据运算瞬时外部输入电路的状态来进行的。

2.1.2 指令表

指令表也是一种出现比较早的 PLC 编程语言，它使用一些逻辑和功能指令的缩略语来表示相应的指令功能。指令表类似于计算机中的助记符语言，是用一个或几个容易记忆的字符来代表 PLC 的某种操作功能，按照一定的语法和句法编写出程序。如图 2-4 所示，左边为梯形图，右边为该梯形图对应的指令表。

指令表看起来不直观，理解起来不方便，GX Works2 中已经取消了对指令表的支持。指令表中的助记符在梯形图编辑中比较实用，可以在梯形图中直接输入助记符的方式来添加软元件触点，这是梯形图输入最快捷的一种方法。例如，要输入图 2-4 中的 X0 常开触点，在 X0 触点位置直接输入 LD X0 后按 <Enter> 键即可。

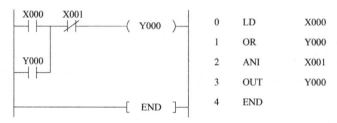

图 2-4　梯形图与指令表的对应关系

2.1.3 编辑梯形图常用触点指令与输出指令

1. LD 指令

LD（Load）指令称为取指令，由指令助记符 LD 和操作软元件常开触点构成，操作软元件有输入继电器 X、输出继电器 Y、辅助继电器 M、定时器 T、计数器 C、状态继电器 S 等，其梯形图与指令表如图 2-5 所示。

功能：取用常开触点与左母线相连。在梯形图中凡串接常开触点的地方，也都可以用 LD 指令。

2. LDI 指令

LDI（Load Inverse）指令称为取反指令，由指令助记符 LDI 和操作软元件常闭触点构成，操作软元件有 X、Y、M、T、C、S 等，其梯形图与指令表如图 2-6 所示。

功能：取用常闭触点与左母线相连。梯形图中凡串接常闭触点的地方，也都可以用 LDI 指令。

图 2-5　LD 指令梯形图与指令表　　　　图 2-6　LDI 指令梯形图与指令表

3. AND 指令

AND 指令称为与指令，由指令助记符 AND 和操作软元件常开触点构成，操作软元件有 X、Y、M、T、C、S 等，其梯形图与指令表如图 2-7 所示。

功能：常开触点串联连接。LD 指令和 AND 指令在梯形图编辑时是通用的，都可以在梯形图编辑中实现串接常开触点的功能。

4. ANI 指令

ANI（And Inverse）指令称为与反指令，由指令助记符 ANI 和操作软元件常闭触点构成，操作软元件有 X、Y、M、T、C、S 等，其梯形图与指令表如图 2-8 所示。

功能：ANI 指令与 AND 指令的区别是，ANI 指令串联的是操作元件的常闭触点。

图 2-7　AND 指令梯形图与指令表　　　　图 2-8　ANI 指令梯形图与指令表

5. OR 指令

OR 指令称为或指令，由指令助记符 OR 和操作软元件常开触点构成，操作软元件有 X、Y、M、T、C、S 等，其梯形图与指令表如图 2-9 所示。

功能：并联软元件常开触点。

6. ORI 指令

ORI（Or Inverse）指令称为或反指令，由指令助记符 ORI 和操作软元件常闭触点构成，其梯形图与指令表如图 2-10 所示。

功能：与 OR 指令相比，ORI 指令并联的是软元件常闭触点。

图 2-9　OR 指令梯形图与指令表　　　　图 2-10　ORI 指令梯形图与指令表

7. OUT 指令

输出指令 OUT 指令又称为驱动指令，由指令助记符 OUT 和操作软元件线圈构成。操作软元件有输出继电器 Y、辅助继电器 M、定时器 T、计数器 C。驱动定时器 T 和计数器 C 时，需要附加指定时间参数及计数值参数，PLC 的输入继电器 X 不能用 OUT 指令驱动，只能由外部信号驱动。OUT 指令梯形图与指令表如图 2-11 所示。

功能：驱动一个线圈，与右母线直接相连，通常也作为逻辑运算的结束。

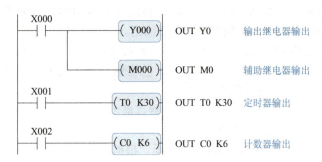

图 2-11　OUT 指令梯形图与指令表

8. SET、RST 指令

SET 指令称为置位指令，用来对指定软元件做置 1 操作。与 OUT 指令相比，OUT 指令在驱动条件断开后，指定软元件自动复位，而 SET 指令在驱动条件断开后，指定软元件可保持 ON 状态，直到用 RST 指令复位。其操作软元件有输出继电器 Y、辅助继电器 M、状态寄存器 S 及寄存器的某一位。

RST 指令称为复位指令，用来对指定的软元件做复位操作，使得指定软元件断开并保持，也可以对数据寄存器 D 等软元件中的数据进行清零操作。其操作软元件有输出继电器 Y、辅助继电器 M、状态寄存器 S、定时器 T（含触点和当前值复位操作）、计数器 C（含触点和当前值复位操作）、数据寄存器 D 某一位、变址寄存器 V 和 Z 等。

SET 和 RST 指令的使用没有顺序限制，也可以多次使用，而且在 SET 与 RST 指令之间可以有其他程序，输出结果以最后执行的指令为准。SET 与 RST 指令使用说明如图 2-12 所示。

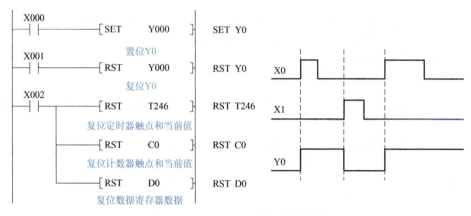

图 2-12 SET 与 RST 指令使用说明

9. END 指令

END 指令是结束指令，放在主程序结束处，没有操作软元件。创建工程时，编程软件会自动生成一条 END 指令，当程序执行到 END 指令时，END 指令后面的程序不再执行，直接进入输出刷新阶段。在程序中可以插入 END 指令，进行各程序段的分段调试，确认前面程序块调试正确后，再依次删除 END 指令。

2.1.4 梯形图编辑规则

梯形图编辑要遵循如下规则。

1）输出线圈一端必须连接右母线，不能直接与左母线相连，前面必须有逻辑运算条件。特殊情况下，无条件输出的线圈，可以加上特殊辅助继电器 M8000 的常开触点。M8000 的触点在 PLC 运行过程中一直为 ON，相当于无条件输出。

2）触点不能直接连接右母线，需经过输出线圈或者功能指令与右母线相连。

3）上重下轻原则：当多个串联块并联时，应将触点最多的串联回路放在梯形图的最上面，可以有效减少程序步数，提高运行效率。

4）左重右轻原则：当并联块串联时，应将触点最多的并联块放在梯形图的最左边。

5）避免双线圈输出：双线圈输出指在梯形图中，存在重复输出同一线圈的情况，如图 2-13 所示。一般情况下，不允许出现这种情况。根据 PLC 扫描运行方式的特点，PLC 只会以最后的逻辑运算结果为准，第一个线圈的输出没有实际意义。梯形图中存在双线圈输出情况时，可以修改程序，将双线圈输出的逻辑条件整合为一个，图 2-14 所示为图 2-13 中双线圈输出改造后的程序。

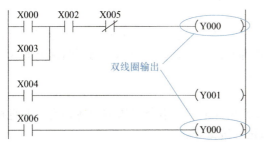
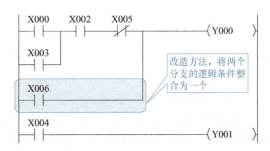

图 2-13　梯形图中的双线圈输出　　　　　图 2-14　双线圈输出改造后的程序

2.2　GX Works2 编程软件基本操作

2.2.1　GX Works2 编程软件

GX Works2 是三菱 PLC 的编程软件，适用于 Q、L 和 FX 系列 PLC。支持梯形图、SFC、ST 及 FB 语言程序设计和网络参数设定，可进行程序的更改、监控及调试，具有异地读写 PLC 程序的功能。

2.2.2　GX Works2 编程软件的主要功能

GX Works2 编程软件是用来帮助使用者开发 PLC 程序的，具有设置 PLC 的参数和工作方式、运行监控、程序管理和加密等功能。此外还可以在离线方式下实现程序的输入编辑、修改等功能，在联机方式下可实现程序的上载、下载、状态监控等直接针对 PLC 的操作。

2.2.3　GX Works2 主界面及组成

打开 GX Works2 编程软件，其主界面及组成如图 2-15 所示。主界面一般包括菜单栏、工具栏（快捷按钮）、程序编辑区、工程栏等部分。

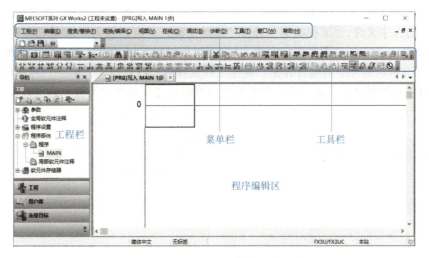

图 2-15　GX Works2 主界面及组成

（1）菜单栏

菜单栏共有 11 个主菜单，可以选择其下拉菜单中的各种命令。若命令的最右边有三角符号标记，则可以显示其子菜单；当有"…"标记，单击该命令时就会出现设置对话框。

（2）工具栏

工具栏又可分为主工具栏、图形编辑工具栏和视图工具栏等。工具栏中的快捷图标仅在相应的操作范围内才可见。工具栏上的所有按钮都有注释，只要将光标移动到图标上面就能显示其中文注释。

（3）程序编辑区

在程序编辑区内进行项目的程序编写，可以使用梯形图、指令表和 SFC 等语言，并且在此区域内还可以对程序进行注释、注解，对参数进行编辑等。

（4）工程栏

以树状结构显示工程的各项内容，如显示程序、软元件注释和 PLC 参数设置等。

2.2.4　程序的创建、编辑、运行及监视

下面以电动机正反转控制 PLC 程序为例，介绍 GX Works2 编程软件中的程序编写和运行。电动机正反转控制梯形图如图 2-16 所示。

图 2-16　电动机正反转控制梯形图

1. 新建一个程序文件

打开 GX Works2 编程软件，单击工具栏中的"新建工程"按钮（快捷键 <Ctrl+N>），建立一个新的程序文件，"工程类型"选择"简单工程"，"PLC 系列"选择 FXCPU，"PLC 类型"选择 FX3U/FX3UC，"程序语言"选"梯形图"，如图 2-17 所示，然后单击"确定"按钮，出现如图 2-18 所示的梯形图编辑界面。新建工程选择的"PLC 类型"必须同连接的 PLC 类型一致，否则写入程序时会出错，PLC 的类型更改可以通过菜单栏"工程"选项进行更改。

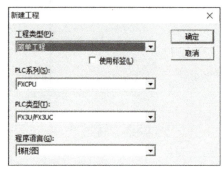

图 2-17　新建工程

图 2-18　梯形图编辑界面

2. 编辑梯形图程序

在程序编辑区输入编程元件（即编辑程序）有三种方法。

1）使用工具栏按钮：使用鼠标单击工具栏中的梯形图符号，例如需要输入 X0 常开触点时，单击工具栏按钮，然后在出现的对话框中直接输入 X0，单击"确定"按钮或者按 <Enter> 即可。

2）使用快捷键：在 GX Works2 编程软件中，每个梯形图符号均设有快捷键，将光标移动至该梯形图符号可以查看快捷键，例如串联常开触点的快捷键 <F5>，并联常闭触点的快捷键 <Shift+F6>，竖线删除的快捷键 <Ctrl+F10>。如需输入 X0 常开触点，按下 <F5> 键，然后在弹出的常开触点输入框输入元件编号 X0 后确认即可。

3）使用键盘：直接从键盘输入梯形图，使用更方便，效率更高。在梯形图编辑区用鼠标定位后，直接输入指令助记符，便可出现"梯形图输入"对话框。例如要输入 X0 常开触点，直接用键盘输入"L"（助记符大小写都可以），即出现"梯形图输入"对话框，如图 2-19 所示，完成输入"LD X0"后确认，便添加了 X0 常开触点，注意助记符和软元件之间一定要用空格分开。常用梯形图元件输入助记符见表 2-1。完成当前触点输入后，光标将自动定位到下一列。

表 2-1 常用梯形图元件输入助记符

元件符号	功能	助记符	元件符号	功能	助记符
┤├ F5	串联常开触点	LD（AND）	┤↑├ sF7	上升沿脉冲	LDP
┤/├ F6	串联常闭触点	LDI（ANI）	┤↓├ sF8	下降沿脉冲	LDF
┘├ sF5	并联常开触点	OR	┘↑├ aF7	并联上升沿脉冲	ORP
┘/├ sF6	并联常闭触点	ORI	┘↓├ aF8	并联下降沿脉冲	ORF
( ) F7	输出线圈	OUT			

也可以直接输入软元件号 X0，便弹出图 2-20 所示"梯形图输入"对话框，单击左侧下拉列表框，选择常开触点即可。这种方法输入比较方便，即先输入应用指令内容，然后选择应用指令图标。

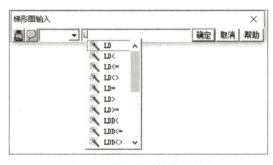

图 2-19 键盘助记符输入方式

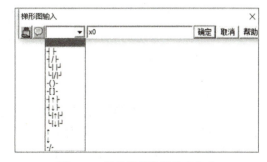

图 2-20 键盘软元件号输入方式

如图 2-21 所示，光标位置到右母线之间若没有其他触点，直接输出 Y2 线圈，这种情况下，无须绘制梯形图线条，在光标位置直接输入"OUT Y2"即可，光标与 Y2 线圈左侧连线，编程软件会自动连接上。

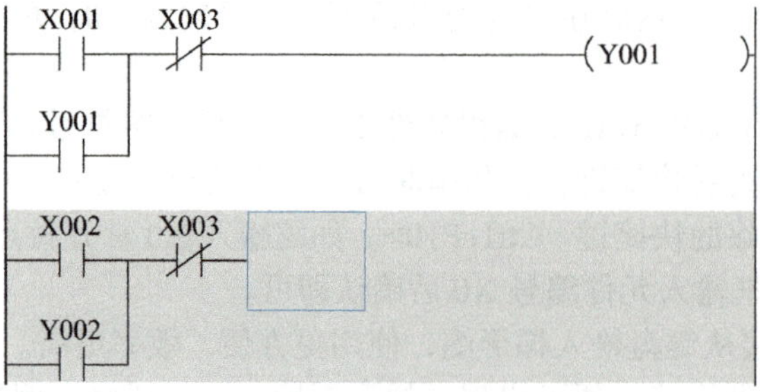

图 2-21　输出线圈左侧连接线的快速创建

梯形图连接线的绘制和删除可以单击工具栏按钮 后用拖拽的方法来实现。相比 GX Developer，在 GX Works2 中绘制梯形图连接线更为方便，可以使用 <Ctrl+ 方向键> 绘制各个方向的连接线。例如需绘制向下的竖线，可以按 <Ctrl+↓> 键，按住 <Ctrl> 键的同时每按下一次向下方向键，就添加一条竖线，如果该方向已有连接线，将会删除该竖线，所以也可以用快捷键来删除连接线。

3. 添加软元件注释

为了方便阅读程序，可以给程序中的软元件添加注释。软元件注释有两种添加方法。例如给正转启动 X1 软元件添加"正转启动"标签：

方法一：单击工具栏注释按钮 ，然后双击 X1 软元件，弹出如图 2-22 所示"注释输入"对话框，输入 X1 软元件的注释，然后确定即可。如果需要回到程序编辑状态，需要再次单击注释图标。

方法二：全局软元件注释方法，在导航栏单击"全局软元件注释"，出现如图 2-23 所示窗口，在窗口中可以对所有的软元件进行注释。

如需显示软元件的注释，可以单击菜单栏的"视图"→"注释显示"，或者使用快捷键 <Ctrl+F5>。

图 2-22　单个软元件注释

图 2-23　全局软元件注释

4. 程序的变换

如图 2-24 所示，编辑程序以后，新生成的程序背景均为灰色，处于编辑状态，必须经过编译将其变换成没有语法错误的程序，方能下载至 PLC 使用。

按下变换快捷键 <F4>，或者单击工具栏上的"变换"按钮 ，编程软件对输入的程序进行编译。变换操作首先对用户程序进行语法检查，如果没有错误，就将用户程序变换为可以下载的代码格式。如果程序有语法错误，将会显示错误信息，并且矩形光标会自动移动到出错的位置。程序变换后编辑器界面颜色会改变，由灰色变成白色。程序编辑到一定行数没有进行变换，编程软件将不能再进行程序编辑，所以要及时进行变换。

项目 2　GX Works2 编程软件基本应用

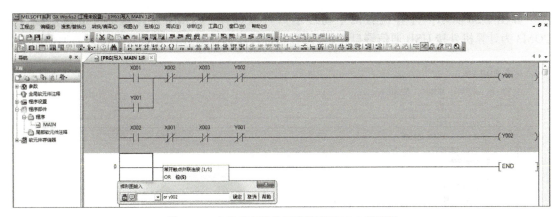

图 2-24　未完成变换的正反转控制 PLC 梯形图

5. 程序的通信

程序变换完毕后，可以下载至 PLC 运行。连接 PLC 与计算机进行通信，如图 2-25 所示：首先单击左边工程栏的"连接目标"，然后双击当前连接目标，在出现的"连接目标设置"对话框中双击端口图标，在弹出新的对话框后，选择对应端口，最后单击"确定"按钮就完成了 PLC 与计算机的通信连接。

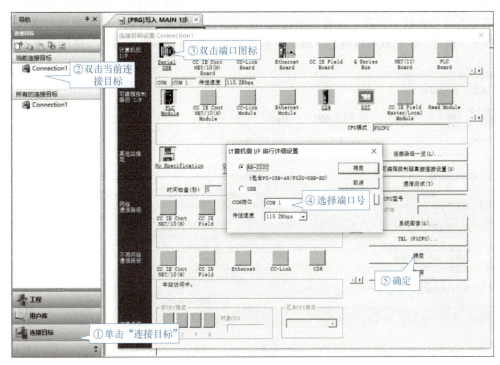

图 2-25　连接 PLC 进行通信

查询计算机串行通信端口号，方法如下。

方法一：右击"我的计算机"，选择"管理"→"设备管理器"，在弹出的"设备管理器"中选择"端口（COM 和 LPT）"。

方法二：右击"开始"菜单，单击"设备管理器"，在弹出的"设备管理器"中选择"端口（COM 和 LPT）"。

如图 2-26 所示，计算机有两个物理端口可以选择，COM1 为计算机自带通信端口，COM3 为计算机外接 USB 通信端口，GX 编程软件可以选择 COM1 或者 COM3 进行通信测试。

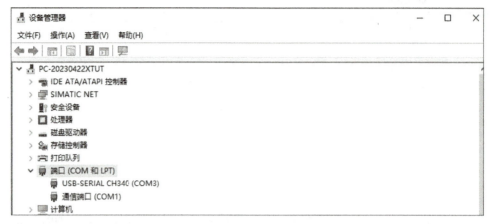

图 2-26　查询计算机串行通信端口号

6. 程序的下载

设置好通信端口，并且通信测试成功后，可以把程序下载到 PLC。单击菜单栏中的"在线"，选择"PLC 写入"，或者单击工具栏中的按钮，弹出如图 2-27 所示的写入界面，根据编程需要选择"参数+程序"或者"全选"，也可以直接单击"对象"列的复选框进行勾选，最后单击"执行"按钮就可以进行下载。一般情况下，选择"参数+程序"进行下载即可。

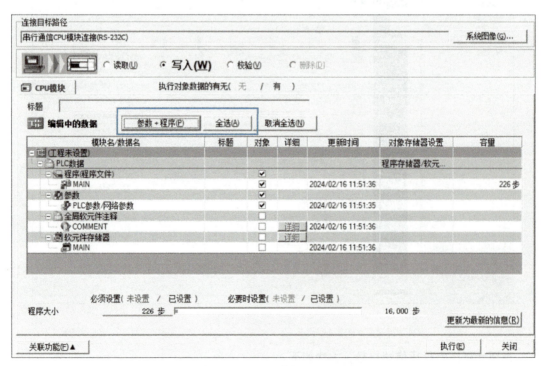

图 2-27　PLC 程序的写入界面

7. 程序的运行及监视

当程序下载到 PLC 后，即可使程序运行。

在程序运行过程中，还可以对程序进行监视，使用快捷键 <F3>，或者单击工具栏中的按钮 即可。如图 2-28 所示，深蓝色填充的触点代表触点接通，深蓝色填充线圈的代表有驱动输出。

一般情况下，程序需要调试成功后才能连接被控设备运行，可以利用程序的监视功能进行程序的调试，例如监视状态下，如需驱动 Y1 让电机正转，可以将光标移动至正转启动按钮对应元件 X1 的常开触点位置，同时按下 <Shift+Enter> 键，便可接通 X1，观察 Y1 线圈是否正常输出。

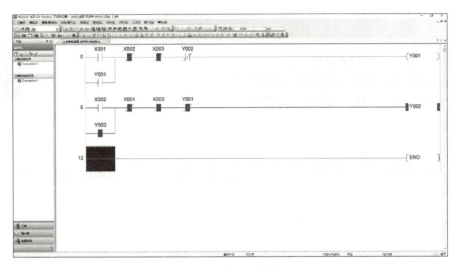

图 2-28　程序运行监视画面

思考与练习

1）在程序编辑区输入编程元件，有哪几种输入方法？

2）在编程软件中输入以下两段程序，并运行，观察输出结果有什么不同。

提示：图 2-29 和图 2-30 所示程序结构完全一致，只是程序顺序不同，PLC 具有从上到下顺序扫描的特点，程序放在梯形图中不同的位置，有时会影响输出结果。

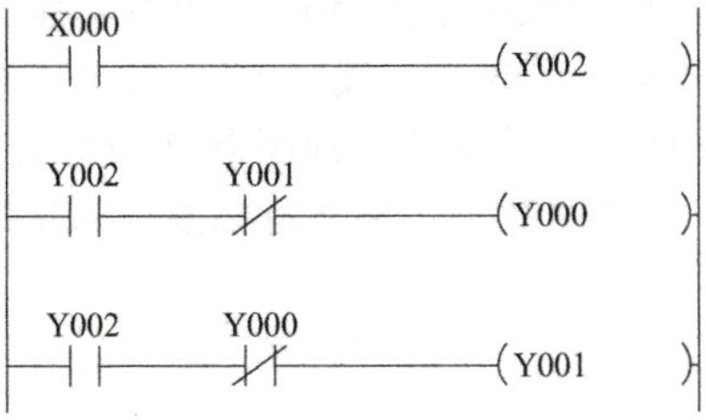

图 2-29　练习程序 1 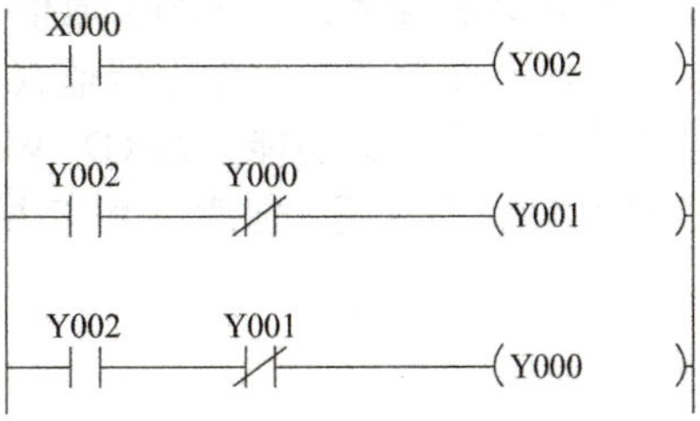　　　　　　　　图 2-30　练习程序 2

项目 3 PLC 模拟器的安装与使用

学习目标

1. 能够安装 PLC 模拟器和虚拟串口工具。
2. 熟悉 PLC 模拟器的通信设置与基本操作。
3. 加强发现问题、解决问题的工作能力。

PLC 模拟器的安装与使用

项目描述

该项目包括 PLC 模拟器与虚拟串口工具的安装、PLC 模拟器的通信设置与基本操作两个部分。

项目实施

3.1 PLC 模拟器与虚拟串口工具的安装

3.1.1 认识凌一 PLC 模拟器

凌一 PLC 模拟器与三菱系列实体 PLC 代码一致，可以进行 PLC 程序调试仿真。PLC 程序通过三菱 GX Works2 软件进行编写，PLC 类型选择 FX_{3U}（也可使用 GX Developer 或其他支持 FX_{3U} 的三菱 PLC 编程软件）。

凌一 PLC 模拟器提供了两个通信口与其他设备进行通信，可以连接组态软件、编程软件等，另外具有强大的 Modbus 通信、高速脉冲模拟和模拟量控制仿真功能。程序运行过程中可非常方便地对软元件进行监视、置位、数值输入等操作。凌一 PLC 模拟器通过通信口与其他软件通信的功能，是 GX Works2 自带仿真器不具备的，程序调试和仿真比 GX Works2 仿真器更为方便。但凌一 PLC 模拟器不支持 Q 系列 PLC、不支持标签结构化编程的仿真。

3.1.2 模拟器的安装

凌一 PLC 模拟器要求系统中安装 Microsoft.Framework net 4.6.2 及以上版本插件，自身为免安装软件，只需复制软件文件夹到计算机，然后在软件文件夹里找到名称为"PLC-simulator"的应用程序，将此应用程序发送到桌面快捷方式，如图 3-1 所示，后续双击此快捷方式就可以运行此 PLC 模拟器。

3.1.3 虚拟串口工具的安装与设置

PLC 模拟器与 GX Works2 软件通过串口（串行端口，Serial Port）通信，串口可以是实际的物理串口,也可以通过第三方虚拟串口软件来创建(推荐方式)。这里介绍一款第三方虚拟串口软件 VSPD(Virtual Serial Ports Driver)的使用方法。VSPD 是由 Eltima 公司设计的虚拟串口软件,使用方便且稳定,图 3-2 所示为 VSPD 添加虚拟串口的界面。

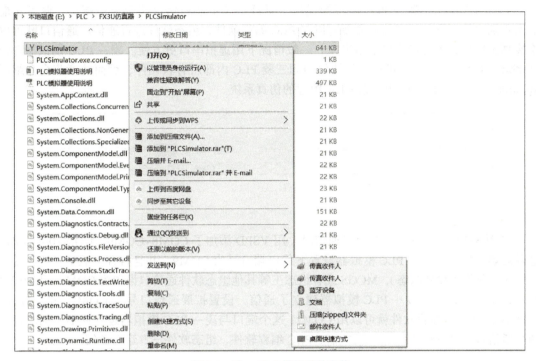

图 3-1 凌一 PLC 模拟器的安装

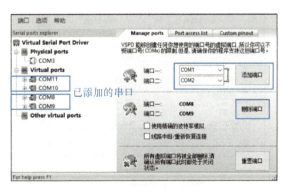

图 3-2 VSPD 添加虚拟串口的界面

  VSPD 安装完成后,打开软件进行虚拟串口的设置,VSPD 会自动识别本台计算机上的物理串口,并可以添加虚拟串口,为了避免与真实串口号起冲突,一般虚拟串口号设置为 COM8 或以上。虚拟串口一定是成对出现的,PLC 模拟器有两对通信口,虚拟串口也可以添加两对,如图 3-2 所示,COM8 和 COM9 为一对,COM10 和 COM11 为一对。创建完毕后,关闭虚拟串口软件即可,以后可以直接使用已创建的虚拟串口对,无须每次都创建。

3.2 PLC 模拟器的通信设置与基本操作

3.2.1 凌一 PLC 模拟器的通信设置

如图 3-3 所示，凌一 PLC 模拟器提供了下载口和扩展通信口两个通信端口，两者功能上无差别，使用默认的通信参数便可以与 PLC 编程软件、组态软件进行通信。通信口既可以连接真实串口，也可以连接虚拟串口，一般情况下用虚拟串口更方便。凌一 PLC 模拟器自带 Modbus TCP 通信功能，可通过该协议访问三菱 PLC 内部所有软元件，后面的章节会介绍用 Modbus 通信连接 Factory IO 虚拟工厂组建的仿真系统。

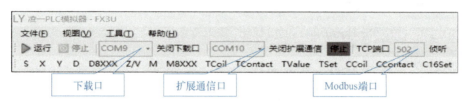

图 3-3 凌一 PLC 模拟器使用的通信串口

如图 3-2 所示，使用虚拟串口通信时，用 VSPD 添加了 COM8-COM9、COM10-COM11 这两对虚拟串口，凌一 PLC 模拟器设置下载口端口号为 COM9，并且打开下载口（打开后端口号为灰色不可设置状态），MCGS 或者组态王等其他组态软件通信口设置为 COM8，如图 3-4 所示，组态软件便与凌一 PLC 模拟器建立了通信。设置扩展通信口号为 COM10 并且打开，这样 GX Works2 编程软件就可以用 COM11 这个端口与凌一 PLC 模拟器建立通信。同时打开两个通信口，可以让凌一 PLC 模拟器、PLC 编程软件、组态软件三者建立通信。

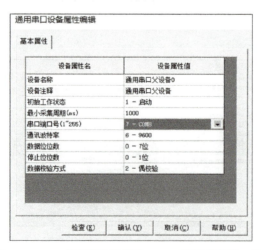

图 3-4 MCGS 组态软件连接凌一 PLC 模拟器通信口设置

如图 3-5 所示，GX Works2 选择通信口为 COM11，下载的梯形图程序便会下载到 PLC 模拟器中运行。

3.2.2 凌一 PLC 模拟器的基本操作

如图 3-6 所示，凌一 PLC 模拟器可以对 PLC 的 S、X、Y、M、T、C 等软元件进行监视与设置，包括特殊寄存器、特殊辅助继电器等都可以方便监视。打开相应的软元件监视窗口，如果软元件为 ON 状态，监视画面中该元件位置显示为深绿色。也可以对软元件进行设置：单击鼠标左键为点动方式，例如鼠标单击 X1，按下时 X1 为 ON，松开时 X1 自动复位；右击鼠标为切换方式（有自锁功能），右键单击 X1，按下时 X1 置位并保持，再次右击 X1 则复位。由凌一 PLC 模拟器控制 X 输入端状态时，模拟 PLC 需要处于运行状态。

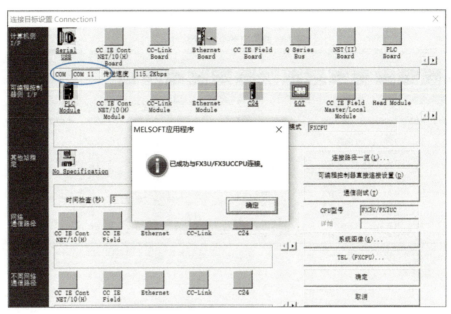

图 3-5　GX Works2 连接凌一 PLC 模拟器仿真运行的通信口设置

凌一 PLC 模拟器在运行状态时，Y 软元件的输出由程序控制，不能通过监视和控制页面自由控制。单击模拟器上的停止按钮 ⊙停止 ，让 PLC 程序停止运行，此时可以在软元件 Y 监视与控制窗口中直接控制 Y 软件的输出（非 PLC 程序控制），可以方便地观察被控仿真对象的动作。

图 3-6　凌一 PLC 模拟器软元件监视与设置页面

如图 3-7 所示页面，凌一 PLC 模拟器可以对数据寄存器 D、变址数据寄存器 V/Z、定时器当前值、计数器当前值等数据进行监视与设置。如需设置，双击相应单元格输入数值即可，如数据寄存器 D1 的设置。

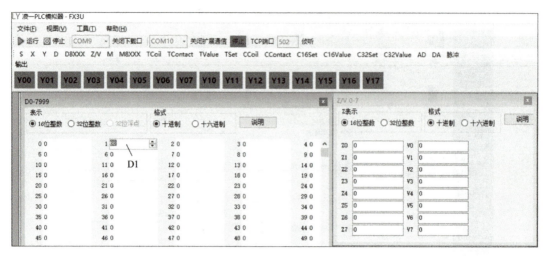

图 3-7　凌一 PLC 模拟器数据寄存器监视与设置页面

项目 4　PLC 仿真系统的使用

学习目标

1. 能够安装 PLC 仿真系统。
2. 熟悉 PLC 仿真系统的基本操作。
3. 完成 PLC 仿真系统的通信连接。
4. 培养创新意识和实践精神。

项目描述

该项目包括 PLC 仿真系统的安装及基本操作、PLC 仿真系统的通信连接两个部分。

项目实施

4.1　PLC 仿真系统的安装及基本操作

4.1.1　PLC 仿真系统安装

PLC 仿真系统基于 KingView（组态王）进行开发，并用工程打包方式提供了安装包。安装过程中，打开安装包文件夹，双击 RunSetup，弹出图 4-1 所示安装界面，一般情况下不勾选"启动组"选项，否则计算机每次开机均会自动运行仿真系统。接下来，按照安装提示一步一步操作，便可完成仿真系统的安装。仿真系统安装不需要预先安装 KingView 软件，如果已装有 KingView 软件，需要卸载后才可以正常安装仿真系统。

图 4-1　PLC 仿真系统安装界面

4.1.2 PLC 仿真系统基本操作

1. 实训项目的选择和切换

双击桌面 KingView 图标 ![图标]，进入仿真系统实训项目选择页面，如图 4-2 所示。

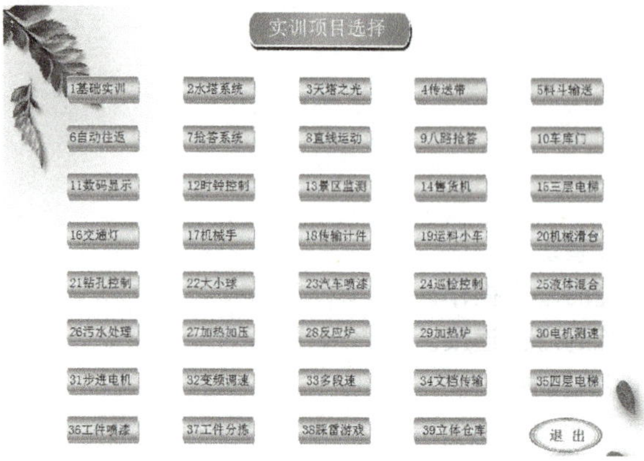

图 4-2 仿真系统实训项目选择页面

在"实训项目选择"页面中，单击按钮即可进入相应实训项目进行编程练习。如图 4-3 所示工件喷漆实训项目，左侧虚线框内显示虚拟的 PLC 被控对象，可进行 PLC 编程实训；右侧是控制菜单，实现功能控制和状态显示。在工件喷漆实训项目中，单击右侧控制菜单中的"返回菜单"按钮，即可返回"实训项目选择"页面。

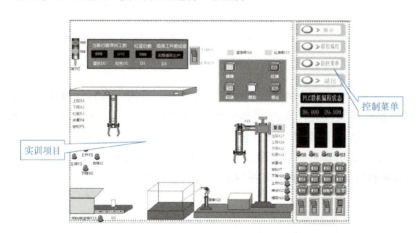

图 4-3 工件喷漆实训项目

2. 控制菜单

右侧控制菜单制作为固定显示方式，切换各个实训项目时，控制菜单内容不变。

（1）"演示"按钮

当单击"演示"按钮时，按钮下方的状态显示栏显示"功能演示状态"，PLC 仿真系统脱离 PLC 实物模块，由仿真系统脚本语言控制系统运行（非 PLC 程序控制运行），模拟运行效果。在编程设计前，可以在演示状态下观察系统运行效果，增强编程控制效果感性认识。

（2）"联机编程"按钮

当单击"联机编程"按钮时，实训页面与 PLC 联机，按钮下方的状态显示栏显示"PLC 联机编程状态"，由 PLC 程序控制实训页面虚拟被控对象动态运行，展现程序控制效果。调试

PLC 控制程序时，系统必须处于联机编程状态。

在使用过程中，切换"演示"或者"联机编程"状态时，"当前实训项目"页面将初始化。例如，对项目 17 机械手编程时，实训页面上的机械手没有处于原位，此时可以单击"演示"或者"联机编程"按钮，使机械手自动回到原位。

（3）"返回菜单"按钮

当单击"返回菜单"按钮时，当前实训项目关闭，返回"实训项目选择"页面，可以单击按钮进行实训项目的切换。

（4）"退出"按钮

当单击"退出"按钮时，PLC 仿真系统关闭。

（5）其他自锁点动按钮

如图 4-4 所示，控制菜单设置了 M80～M91 共 10 个点动按钮，一些实训项目需要进行功能扩展，而实训页面没有设计相应的按钮时，可以直接使用这些点动按钮。单击"帮助"按钮，将会出现有关该实训项目的功能说明（部分实训项目包含说明）；单击"清零"按钮，可以对 PLC 内部数据寄存器（D0～D99）进行清零。

此外，控制菜单中还有 M96～M98 三个自锁开关，用于实训项目的扩展，如图 4-5 所示。当实训页面需要功能扩展而自锁开关不足时，可以使用 M96～M98。其中标注为"切换"的开关，可以使得控制菜单显示内容在图 4-6 和图 4-7 之间切换。

图 4-4　控制菜单扩展点动按钮

图 4-5　控制菜单扩展自锁开关

图 4-6　"切换"开关 ON 状态显示内容

图 4-7　"切换"开关 OFF 状态显示内容

（6）扩展输出部分

控制菜单有数据寄存器 D8、D9 的输入及输出显示（如图 4-6 所示），数据寄存器 D0、D1、D2 和 D3 的输入及输出显示（如图 4-7 所示）。

"切换"开关为 ON 时，有三个七段数码管显示输出，第一个数码管连接 Y0～Y7 输出端，第二个数码管连接 Y10～Y17 输出端，第三个数码管连接 Y20～Y27 输出端。切换开关为 OFF 时，只显示一个七段数码管，对应 Y20～Y27 输出端。

控制菜单还有 Y10～Y13 四个输出状态指示灯，方便在部分实训项目中实现功能扩展，可以显示 PLC 输出端口状态。

4.2 PLC 仿真系统的通信连接

仿真系统使用的通信端口号为 COM8，可以和凌一 PLC 模拟器以及真实三菱 PLC 进行通信连接和编程实训。

4.2.1 仿真系统与 PLC 模拟器的通信连接

本书使用凌一 PLC 模拟器。如图 4-8 所示，首先用虚拟串口软件建立两对虚拟串口。凌一 PLC 模拟器两个通信口分别设置为 COM9、COM10。COM10 连接凌一 PLC 模拟器，COM11 连接 GX Works2 编程软件，COM10 和 COM11 这对虚拟串口将凌一 PLC 模拟器与 GX Works2 编程软件建立起通信；另外新建 COM8（必须使用 COM8）和 COM9 这对虚拟串口，COM8 连接 PLC 仿真系统，COM9 连接凌一 PLC 模拟器，COM8 和 COM9 这对虚拟串口使仿真系统与凌一 PLC 模拟器建立起通信。如图 4-9 所示，通过两对虚拟串口将 GX Works2 编程软件、凌一 PLC 模拟器和 PLC 仿真系统三者建立起通信。

PLC 仿真系统在开发时，设置的通信端口号为 COM8，打包发布后端口号不可更改，使用仿真系统必须添加 COM8 端口。如图 4-10 所示，如果仿真系统与 PLC 通信失败，实训页面上的数据寄存器（如 D0 等）不能读取 PLC 数据，将显示问号。如果可以正常显示数据寄存器的数据，代表仿真系统与 PLC 通信成功，如图 4-11 所示。

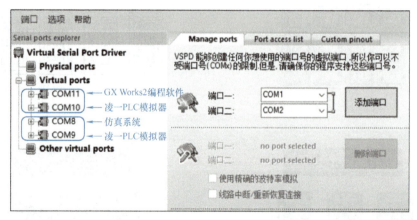

图 4-8 使用虚拟串口工具添加两对虚拟串口

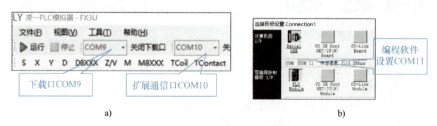

a) b)

图 4-9 PLC 模拟器使用的通信端口设置及 GX Works2 通信端口设置

a）凌一 PLC 模拟器通信端口设置 b）GX Works2 通信端口设置

4.2.2 仿真系统与真实三菱 PLC 的通信连接

仿真系统设置的通信端口为 COM8，计算机连接的物理串口可以在设备管理器查看，端口号一般为 COM1 或者 COM2，这时需要将物理串口的端口号修改为 COM8，真实 PLC 才能与仿真系统建立通信。仿真系统连接真实 PLC 时，由真实 PLC 控制仿真系统的运行。

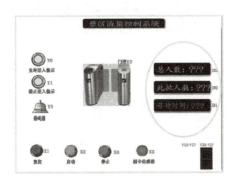 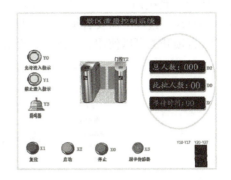

图 4-10　仿真系统与 PLC 通信失败　　　　图 4-11　仿真系统与 PLC 通信成功

如果真实 PLC 只有一个通信端口，GX Works2 程序写入 PLC 时，不能打开仿真系统。这是因为仿真系统运行时占用了 COM8 通信端口，写入时会出现端口冲突导致通信出错。GX Works2 程序写入 PLC 时需要退出仿真系统，等程序写入完毕后，方可再次打开仿真系统观察程序运行控制效果，并且 GX Works2 编程软件的程序监视功能无法使用。

如果真实 PLC 配置两个通信端口，就可以解决上述问题。GX Works2 程序写入 PLC 时可以用另外一个通信端口进行读写，无须退出仿真系统，而且在程序调试时，GX Works2 编程软件的程序监视功能可以正常使用，实现运行监视。

改端口方法：如图 4-12 所示，打开计算机"设备管理器"窗口，选择"端口"，右击"USB-SERIAL CH340"物理串口后单击，从快捷菜单中选择"属性"，弹出"USB-SERIAL CH340 属性"对话框，选择"端口设置"→"高级"按钮，在弹出的图 4-13 所示对话框中，将端口号设置为 COM8。

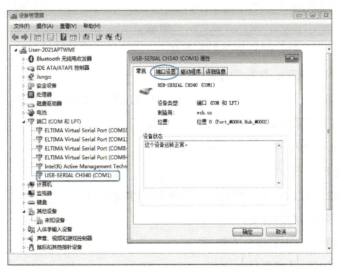

图 4-12　物理串口端口设置

为了避免端口冲突，正常使用物理串口，当仿真系统使用物理串口 COM8 时，需要设置虚拟串口工具，将添加的 COM8、COM9 这对虚拟串口删除。

4.2.3　其他注意事项

用 KingView 制作的仿真系统页面，输入按钮和传感器等使用了 X 输入元件，这样程序编制中，仿真系统中调试好的程序不需要修改就可以连接真实控制对象运行，仿真系统也可以和真实控制系统同步运行。实训页面上所有的 X 输入元件，只能做点动按钮，不能做自锁开关。如果编程过程中需要自锁开关，只能用 M 元件。实训页面右侧的控制栏有 M96～M98 几个扩展自锁开关可以使用，如图 4-5 所示。

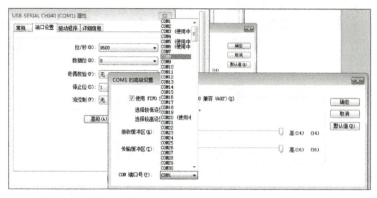

图 4-13　更改物理串口端口号（由默认的 COM1 改为 COM8）

模块一习题

一、填空题

1. PLC 的工作方式是_____。

2. 根据 PLC 的结构形式，可将 PLC 分为_____、_____两大类。

3. PLC 执行程序的过程分为_____、_____、_____三个阶段。

4. PLC 由_____、_____、_____组成。

5. 影响 PLC 扫描周期长短的最主要因素是_____。

6. PLC 在 RUN 模式下，执行顺序是_____、_____、_____。

7. 在输出扫描阶段，将_____寄存器中的内容复制到输出接线端子上。

8. PLC 输入信号的采集和信号的输出采用的是_____、_____。

9. FX_{3U}-48MR 可编程控制器中的 M 表示_____。

10. FX_{3U} 系列 PLC 的 I/O 点数最多可以达_____。

11. GX Works2 编程软件中，对程序执行变换的快捷键是_____。

12. 梯形图程序执行的顺序是_____、_____。

13. 梯形图编辑中，OUT 指令不能对_____使用。

14. 梯形图编辑时，并联常闭触点用_____指令。

15. OUT 指令不能用于_____继电器。

16. 在梯形图中，同一编号的输出线圈在一个程序段中不能重复使用，否则会导致_____问题。

17. PLC 的 I/O 中，I 指_____，O 指_____。

18. PLC 输入端信号，如果是急停等需要可靠响应的信号，采用_____更加安全可靠。

19. 输入继电器的状态唯一取决于_____。

20. 如果 PLC 输入端子连接的是 NPN 型光电开关，则 FX_{3U} 基本单元的 S/S 需连接 PLC 本体 24V 电源_____。

21. 控制输出对象为伺服电机，PLC 输出类型宜选用_____。

22. PLC 输出接口电路中_____输出型响应时间最长。

23. PLC 的输出继电器只能由_____驱动。

24. 若 PLC 输入端光电开关为 PNP 形式，应选择_____。

25. PLC 一般采用_____与现场输入信号相连。

26. 型号为 FX_{3U}-48MR 的三菱 PLC，输出类型为_____。

27. 按钮、行程开关、传感器触点属于 PLC 的_____元件，线圈、信号灯、电磁阀属于 PLC 的_____元件。

28. 输出元件控制对象为交流接触器，PLC 的输出类型选择_____更为合适。

29. FX_{3U} 可编程控制器 DC 24V 输出电源，可以为_____供电。

30. PLC 的三种输出接口中，_____既适用于交流负载又适用于直流负载。

31. PLC 的输出方式为晶体管型时，适用于_____负载。

32. PLC 的所有软继电器中，能与外部设备直接连接的只有_____。

33. PLC 输入/输出元件采用_____进制，其他软元件采用_____进制。

34. 三菱 FX 系列 PLC 中 X0 端子的外部输入电路断开时，X0 对应的输入映像存储器为_____，梯形图中 X0 对应的输入继电器的常开触点_____，常闭触点_____。

35. PLC 中的"字"是指_____。

36. 16 位和 32 位数据的最高位为符号位，符号位 0 代表_____。

37. BIN 是_____进制数的简称，HEX 是_____进制数的简称。

38. PLC 编程时，表示十六进制时，在数值前面加上字母_____；表示十进制时，在数值前面加上字母_____。

39. 8 个连续的位组成一个_____。

40. 二进制数 011 100 等于十进制数_____。

41. 十六进制数 1F，可转变为十进制数_____。

42. 凌一 PLC 模拟器调试时，X 端的输入，单击鼠标左键为_____，单击鼠标右键为_____。

43. 凌一 PLC 模拟器可以通过_____与编程软件及组态软件建立通信连接。

二、简答题

1. PLC 具有什么特点？主要应用在哪些方面？
2. PLC 控制系统与继电器控制系统在运行方式上有何不同？
3. 输入映像寄存器的作用是什么？
4. 简述 PLC 的扫描工作过程。

模块二

PLC 基本指令的应用

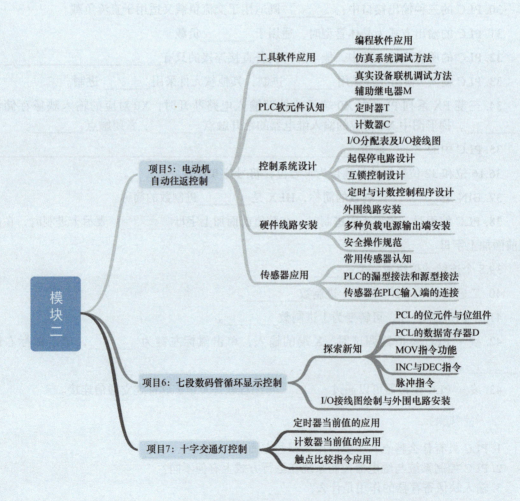

项目 5 电动机的自动往返控制

学习目标

1. 学会梯形图指令的输入、下载，会进行在线监控。
2. 会进行简单 PLC 控制系统项目分析，学会根据系统控制要求进行 I/O 分配，并绘制 I/O 接线图。
3. 会进行 PLC 输入/输出端的安装接线。
4. 掌握 PLC 连接多种电源类型负载时的 I/O 分配及电路安装。
5. 熟悉定时器指令及定时器指令在 PLC 控制系统中的应用。
6. 熟悉计数器指令及计时器指令在 PLC 控制系统中的应用。
7. 熟悉辅助继电器的特点及常用特殊辅助继电器的应用。
8. 了解常用传感器的工作原理，掌握传感器在 PLC 输入端的连接方法。
9. 培养规范操作的工作习惯，养成细心细致、严谨求真的品德。

项目描述

本项目包含电动机单向运转控制、电动机正反转控制、电动机自动往返控制三个设计任务。

1. 电动机单向运转控制

将图 5-1 所示继电器控制的三相电动机单向连续运转控制电路改造为 PLC 控制方式，主电路不变，仅改造控制电路。

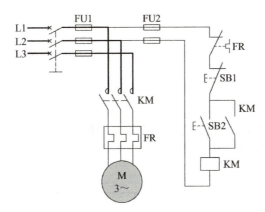

图 5-1 继电器控制的三相电动机单向连续运转控制电路

2. 电动机正反转控制

如图 5-2 所示为电动机正反转控制及自动往返控制实训页面。

正反转控制功能要求：按下正转按钮，电动机正转，按下反转按钮，电动机反转。电路具有热继电器过载保护功能，热继电器辅助触点接于输出回路，不占用输入端口；正反转控制电路使用硬件联锁和软件联锁双重联锁，程序具有按钮联锁功能，可以不用按停止按钮直接切换正反转。

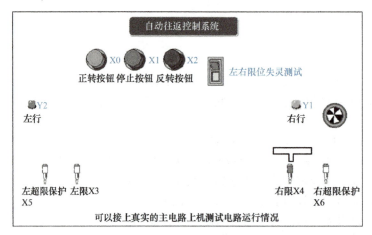

图 5-2　正反转控制及自动往返控制实训页面

3. 电动机自动往返控制

自动往返控制功能要求：按下正转按钮，电动机正转，运动装置右行，当碰触右限位行程开关，自动切换为反转左行，左行至左限位置，碰触左限位行程开关，又自动切换到正转右行，再碰触右限位行程开关自动反转返回，按照此规律控制运动装置在左右限位行程开关之间自动往返，直至按下停止按钮，电动机停止运行。具有正反转控制电路的软硬件联锁保护和过载保护功能，另外具有超限位保护功能，防止左右限位行程开关失效后，运动装置继续前行碰触到超限位行程开关，控制电动机自动停机，防止引起事故（按下实训页面中左右限位失灵测试按钮可以测试此功能）。

项目实施

5.1　电动机单向运转控制

1. I/O 分配

根据电动机单向连续运转的控制要求，对输入/输出端口进行分配，见表 5-1，热继电器采用输出端直接连接方式，无需占用 PLC 端口。

表 5-1　电动机单向连续运转控制 I/O 分配表

输入端		输出端	
元件	端口编号	元件	端口编号
启动按钮 SB1	X0	电动机正转控制线圈 KM	Y0
停止按钮 SB2	X1		

2. I/O 接线图

根据电动机运行控制要求和表 5-1 的 I/O 分配表，绘制 PLC 控制 I/O 接线图，如图 5-3 所示。

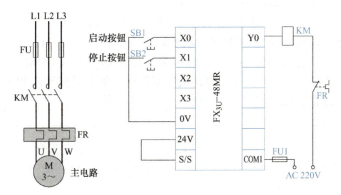

图 5-3　电动机单向连续运转 PLC 控制 I/O 接线图

3. 程序设计与调试

参考如图 5-4 所示程序，编制电动机启动与停止控制程序。

图 5-4　电动机单向连续运转控制参考程序

（1）程序的编写

可以单击工具栏图标 ![toolbar] 输入程序，单击图标后，输入软元件编号，按下 <Enter> 键即可；也可以使用快捷方式输入，例如串联常开元件，按下快捷键 <F5>，便会出现串联常开触点设置对话框，输入软元件并按 <Enter> 键确认即可。

还可使用键盘输入指令的助记符和目标元件（中间需要用空格）。例如输入启动按钮 X0 时，在梯形图中选择需要输入元件的位置，直接输入 LD X0，按 <Enter> 键即可。键盘输入方式最为便捷。

（2）程序的变换

图 5-5 所示为变换之前的程序，这部分程序是无效的，不能保存及写入 PLC。可以用快捷键 <F4> 或单击菜单栏"变换"进行变换，也可以右击程序，选择快捷菜单中的"变换"命令，变换后程序的底色将变为白色。

程序中未变换的程序行数超过一定值时，会出现不能再编写程序的情况，此时需要变换后才能继续编写。

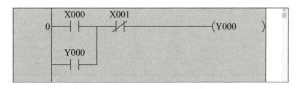

图 5-5　变换之前的程序

（3）程序的写入与读取

在完成程序编写与变换后，就可以将程序写入 PLC 进行调试。

1）仿真 PLC 的连接。如图 5-6 所示，在虚拟串口工具中添加 COM8 和 COM9、COM10 和 COM11 这两对虚拟串口。如图 5-7 所示，打开凌一 PLC 模拟器，设置模拟器下载口端口号为 COM9，扩展通信口端口号为 COM10。设置好端口号后，单击"打开下载口"和"打开扩展通信"按钮。模拟器打开通信端口后，虚拟端口号为 COM8 及 COM11 的通信口就可以和模拟器通过虚拟端口建立通信。上面的电动机控制程序，如果需要写入 PLC 模拟器仿真运行，则可以将 GX Works2 的通信口设置为 COM11，如图 5-8 所示。

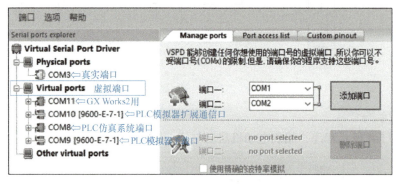

图 5-6　在虚拟串口工具添加虚拟串口

图 5-7　凌一 PLC 模拟器使用的虚拟端口号

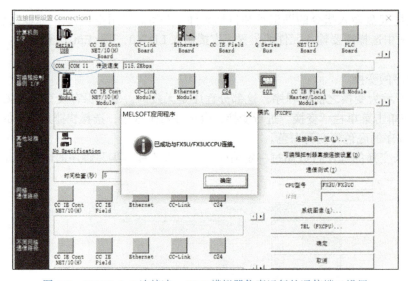

图 5-8　GX Works2 连接凌一 PLC 模拟器仿真运行的通信端口设置

2）真实 PLC 的连接。三菱 FX 系列 PLC 为 RS-422 编程口，如果计算机有串行接口，可以用如图 5-9 所示的 SC-09 编程电缆。一般计算机默认通信端口号为 COM1。如果计算机没有串行接口，则需要用如图 5-10 所示的 USB-SC-09-FX 编程电缆。USB 编程电缆需要安装驱动方可使用，安装好后，在计算机设备管理器中可以查询到端口号 USB-SERIAL CH340 (COM3)。USB 编程通信口为 COM3，GX Works2 编程软件可以设置通信口为 COM3，此时可以将程序通过真实端口下载到真实 PLC 进行调试，如图 5-11 所示。

图 5-9　三菱 SC-09 编程电缆

图 5-10　USB-SC-09-FX 编程电缆

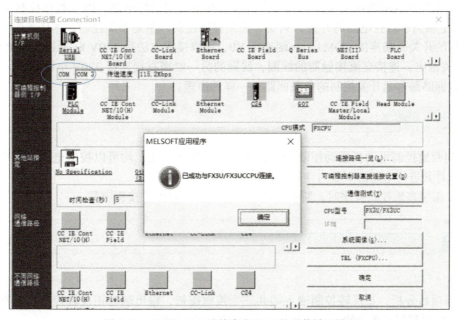

图 5-11　GX Works2 连接真实 PLC 的通信端口设置

（4）程序的监视与调试

程序成功下载后，连接真实 PLC，需要让 PLC 处于运行状态，运行指示灯要点亮。用模拟器仿真运行，则需要单击模拟器运行图标，让模拟器处于程序运行状态。单击 GX Works2 工具栏监视图标，程序进入监视运行状态，可以观察各触点状态及输出状态。

在监视模式下，选中某软元件，同时按下 <Shift> 和 <Enter> 键，可以手动接通或者断开该软元件。如图 5-12 所示，在梯形图中，选中启动按钮对应的软元件 X0，执行上述操作，可以在梯形图中启动 Y0，另外也可以单击模拟器上的 X0 软元件或者真实 PLC 外接按钮进行程序的调试操作。

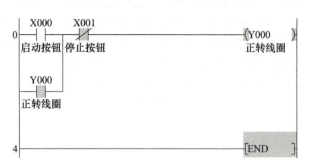

图 5-12　程序的监视与调试

4. PLC 外部电路的接线

（1）输入端按钮的接线

PLC 的输入端 X 要产生有效信号，其实质是该输入端 X 与其输入公共端 COM 直接连通，所有按钮的接线都是按钮一端连接输入端 X，另一端连接输入公共端 COM。按钮连接完毕后，可以给 PLC 通电使其运行，按下按钮，测试相应输入指示灯是否点亮。

（2）输出端控制线圈的连接

输出端控制线圈连接的电路原理可参考普通开关控制电灯电路，PLC 程序控制 Y 输出端 Y，实质上相当于灯控电路的开关，只是开关由程序控制，不是手动控制。本任务中，控制电动机运行的开关一端连接 COM1，一端连接 Y0，所以接线方法是 220V 电源 L 线连接 COM1，Y0 为开关输出，连接交流接触器的线圈，线圈的另一端则直接连接 220V 电源 N 线。PLC 控制的负载回路跟普通开关控制的负载回路是一样的道理。

项目延伸

编制两地控制电动机启动控制程序，两地两套控制按钮，均可以控制电动机的启停，完成程序设计并进行电路的安装与调试。

注：编制多地控制程序时，所有启动按钮并联，所有停止按钮串联。

5.2　三相异步电动机的正反转控制

1. I/O 分配

根据项目分析，正反转控制输入端共三个控制按钮，输出端为正反转控制接触器的两个输出端，根据控制要求对输入/输出端口进行分配，见表 5-2。

表 5-2　电机正反转控制 I/O 分配表

输入端		输出端	
元件	端口编号	元件	端口编号
正转启动按钮 SB1	X0	正转控制线圈 KM1（右行）	Y1
停止按钮 SB2	X1	反转控制线圈 KM2（左行）	Y2
反转启动按钮 SB3	X2		

2. I/O 接线图

根据正反转控制要求和表 5-2 的 I/O 分配表，绘制三相异步电动机正反转控制的 I/O 接线图，如图 5-13 所示。

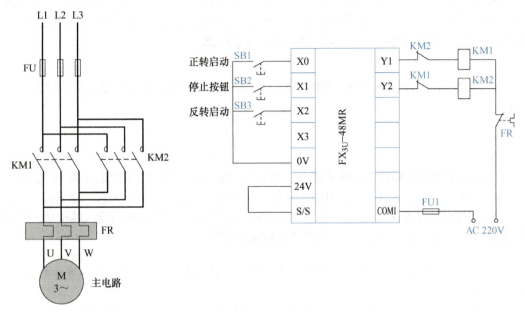

图 5-13　三相异步电动机正反转控制 I/O 接线图

3. 编写和调试程序

参考图 5-14 所示程序，编制三相异步电动机正反转控制程序。

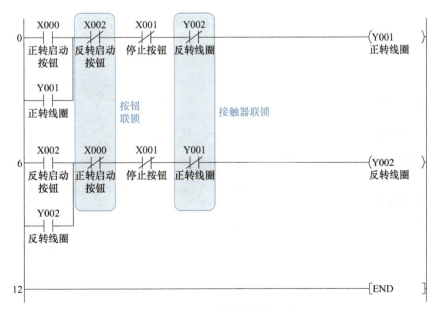

图 5-14　正反转控制参考程序

> **思考**：理论上，设计了软件联锁可以解决正反转电路中主电路电源短路的问题，但为什么 PLC 的输出端口还需要加上接触器硬件联锁？

接触器故障情况下，例如接触器的主触点因断电时产生的电弧熔焊而被黏结，其线圈断电后主触点仍然是接通的，这时如果另一接触器的线圈通电，会造成三相电源短路事故，所以除了程序中设置软元件联锁外，必须外接硬件联锁电路。

4. 安装接线及试运行

先在仿真系统调试运行程序，测试成功后，再进行真实自动往返电路的安装接线及调试运行。

项目延伸

1）在原有的正反转控制电路基础上，增加三个指示灯。指示灯额定电压为 DC 24V，其中，HL1（黄色）指示正转状态，HL2（绿色）指示反转状态，HL3（红色）指示停止状态，编写程序连接电路实现此功能。另外，热继电器由原来的输出端接法改为输入端接法（热继电器辅助触点接 X 输入端），编写程序实现热过载保护功能。

> **注意**：热继电器在输入端用了常闭触点，梯形图中设置热继电器软元件用常开触点，才能正常启动。
>
> 对于自动复位的热继电器，只能连接在 PLC 的输入端，通过梯形图程序控制实现过载保护。如果自复位型的热继电器连接在 PLC 的输出端，则过载保护后，热继电器自复位后会再一次启动电动机，让电动机过载运行。手动复位型的热继电器则可以避免这种情况出现。手动复位的热继电器，辅助触点既可以连接在 PLC 的输出端（不需要编写过载保护程序），也可以作为输入端的信号，连接在 PLC 的 X 输入端（需要编写过载保护程序）。

PLC 外围电路接线图绘制参考图 5-15 所示接线图，线路安装参考图 5-16 所示实物接线图，程序编制参考图 5-17 所示程序。

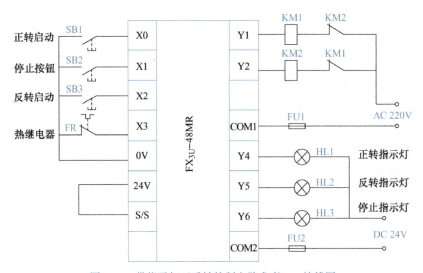

图 5-15 带指示灯正反转控制电路参考 I/O 接线图

> **思考**：正反转接触器线圈分别用了 Y1 和 Y2，三个指示灯可否用 Y3、Y4、Y5？

接触器线圈额定电压为 AC 220V，Y0～Y3 的公共端 COM1 连接了 220V 电源，而指示灯额定电压为 DC 24V，不能和 AC 220V 电源共用 COM1 端，这里用 Y3 作为指示灯的控制，是不可行的，24V 直流电源必须用另外一组 COM 的 Y 输出端，比如用 Y4、Y5、Y6。继电器输出型的 PLC 输出端分多个 COM 口，就是为了方便输出端口连接多种电源类型。

如图 5-16 所示，DC 24V 指示灯电压引自电源模块 24V 电压输出，接触器线圈电压引自电源模块 AC 220V 电源输出，两组电源的电压及类型不一致，必须使用 PLC 两个不同的 COM 端。AC 220V 电源的 L 线或者 DC 24V 正极分别连接至相应的 COM 端，经过程序控制的 Y 输出开关到达各自的负载，AC 220V 电源的 N 线或者 DC 24V 负极则直接连接负载的另外一端。

> **注意**：PLC 本体输出的 DC 24V 电源专用于输入端传感器，不能用于输出负载，指示灯这些输出负载需要另外供电，不能连接 PLC 本体的 24V 输出电源。

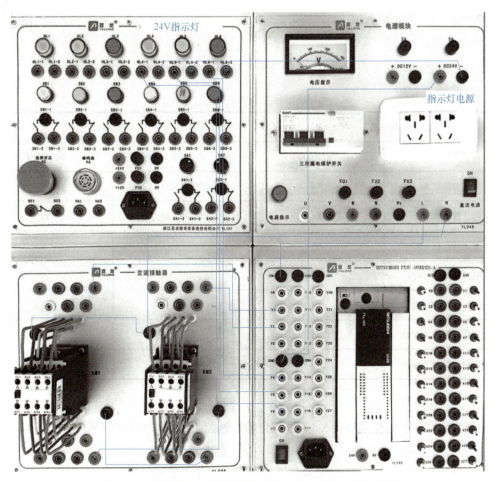

图 5-16　带指示灯正反转控制电路输出部分安装参考接线图

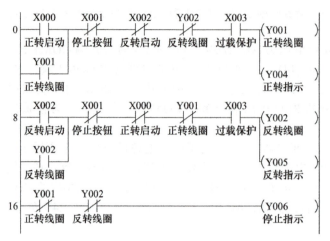

图 5-17 带指示灯正反转控制参考程序

2）试用 SET 与 RST 指令编制带指示灯正反转控制程序，实现电路控制功能。

5.3 自动往返控制

1. I/O 分配

根据控制要求对输入/输出端口进行分配，见表 5-3。

表 5-3 自动往返控制 I/O 分配表

输入端		输出端	
元件	端口编号	元件	端口编号
正转启动按钮 SB1	X0	正转控制线圈 KM1（右行）	Y1
停止按钮 SB2	X1	反转控制线圈 KM2（左行）	Y2
反转启动按钮 SB3	X2		
左限位行程开关 SQ1	X3		
右限位行程开关 SQ2	X4		
左超限位行程开关 SQ3	X5		
右超限位行程开关 SQ4	X6		

2. I/O 接线图

根据自动往返控制要求和表 5-3，绘制自动往返控制电路的 I/O 接线图，如图 5-18 所示。

3. 编写与调试程序

参考图 5-19 所示程序，编制自动往返控制程序，并调试运行。

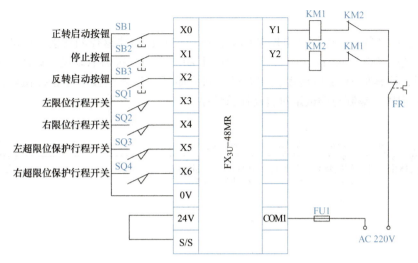

图 5-18　自动往返控制电路 I/O 接线图

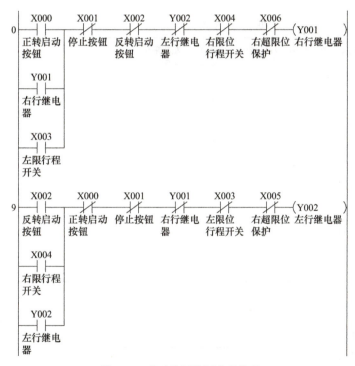

图 5-19　自动往返控制参考程序

左右限位行程开关控制与按钮联锁控制程序结构一致，功能也一样，只是按钮用手动控制，行程开关通过机械运动部件碰触完成转换。超限位保护是为防止左右限位行程开关失效而引起安全事故。

> **思考**：图 5-19 所示程序能够实现在不按下停止按钮的情况下，正反转按钮控制正反转直接切换的功能吗？

项目延伸

1)在原来的自动往返控制电路基础上,增加定时自动往返控制功能。启动后电动机正转,带动机械运动部件右行,碰到右限位行程开关时,停机 3s 后启动反转返回,碰到左限位行程开关时,同样停机 3s 后启动正转右行,如此循环往返直至按下停止按钮后停机,参考图 5-20 所示程序,编制与调试定时自动往返程序。

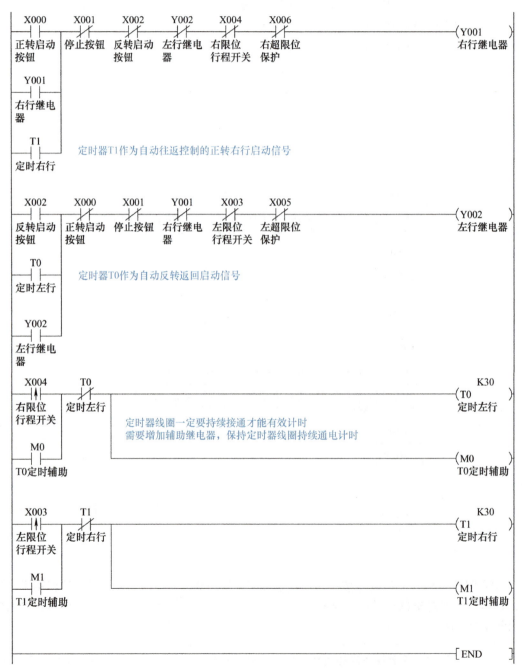

图 5-20 定时自动往返控制参考程序

2）在原来的自动往返控制电路基础上，增加计数停止控制功能。启动后电动机带动生产机械在左右限位之间自动往返，并对往返次数进行计数，当往返次数达到 3 时，控制电动机自动停机。参考图 5-21 所示程序，编制和调试计数停止自动往返控制程序。

```
  Y002                                              K3
───┤├──────────────────────────────────────────(C0  )
 左行继电器    返回左边停下，进行往返计数1次

  C0
───┤├─────────────────────────────[ RST   Y001 ]
                                         右行继电器

    ├─────────────────────────────[ RST   Y002 ]
                                         左行继电器

  X000
───┤├─────────────────────────────[ RST   C0   ]
 正转启动    计数器与普通定时器不同，需要复位指令复位
  按钮
  X002
───┤├──
 反转启动
  按钮
```

图 5-21　计数停止自动往返控制部分参考程序

3）综合前面的定时自动往返功能和计数控制停止功能，设计一个自动往返电路，正转启动后，右行碰到右限位行程开关停止 5s 后自动返回，返回碰到左限位行程开关 3s 后自动右行，完成 5 次往返行程后自动停止，设计程序实现此功能。

4）参考三相异步电动机自动往返控制电路，利用图 5-22 所示直流电动机自动往返控制实训模块，进行直流电动机自动往返电路的程序设计和安装接线。实训模块中，直流电动机正转，控制运动部件右行；直流电动机反转，控制运动部件左行。

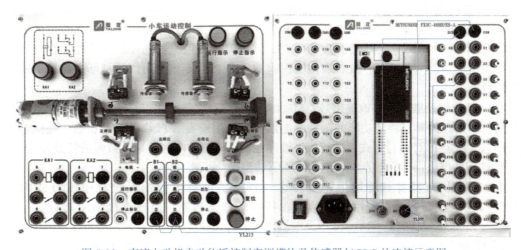

图 5-22　直流电动机自动往返控制实训模块及传感器与 PLC 的连接示意图

控制直流电动机正反转的两个继电器线圈的额定电压、直流电动机额定电压、指示灯额定电压都为 DC 24V，左右限位采用电感式传感器，当运动的金属部件靠近电感式传感器时，电感式传感器内部电子开关将接通，得到有效信号输出。

传感器的连接

实训模块中传感器为 NPN 型电感三线式传感器，额定电压为 DC 6～36V。其中，棕色和蓝色引出线连接直流电源，棕色线连接电源正极，蓝色线连接负极；黑色引出线为信号输出端，连接 PLC 的 X 输入端。具体连接如图 5-22 所示。

直流电动机的正反转控制，调换其电源正负极即可实现。设计直流电动机主电路及 PLC 外围电路，实现自动往返控制功能，控制程序与前面的三相异步电动机自动往返控制相同。

传感器的电源必须使用 PLC 本体提供的 DC 24V 电源，才能在 PLC 输入端产生有效信号。

相关知识

5.4　辅助继电器 M

1. 辅助继电器

在 PLC 的逻辑运算中，经常需要一些中间继电器用作辅助运算，这些辅助继电器不能接收外部的输入信号，也不能直接驱动输出设备，是一种内部的状态标志，相当于继电器、接触器控制系统中的中间继电器。

辅助继电器编址区域标号为 M，采用十进制编址，其常开和常闭触点在 PLC 编程时可以无限次使用。

2. FX_{3U} 的辅助继电器分类

（1）通用辅助继电器　地址编号：M0～M499，共 500 点。它们无断电保持功能，当切断 PLC 的电源或 PLC 进行复位时，其当前状态无法保持，常开触点一律呈断开状态。

（2）断电保持型辅助继电器　地址编号：M500～M7679，共 7180 点。其中，M500～M1023（共 524 点）可通过参数设定变为非断电保持型（即普通型），而编号 M1024～M7679（共 6656 点）固定为断电保持型辅助继电器。

当 PLC 的电源断开后，一般辅助继电器都变为 OFF，希望根据停电之前的状态进行控制时，就需使用断电保持型辅助继电器。在 PLC 运行中若突然发生断电，断电保持型辅助继电器会保持断电前的状态，当电源恢复正常时，系统又继续停电前的控制，清除锁存时，才将断电保持型辅助继电器断开。PLC 有内置锂电池，在 PLC 断电后可以维持断电保持型辅助继电器的数据。

（3）特殊辅助继电器　地址编号：M8000～M8511，共 512 点。特殊辅助继电器是 PLC 厂家提供给用户的具有特定功能的辅助继电器，它们用来表示 PLC 的某些状态、提供时钟脉冲和标志、设定 PLC 运行方式、进行步进顺序控制、禁止中断和设定计数器的计数方式等。

特殊辅助继电器分为触点利用型和线圈驱动型。

1）触点利用型特殊辅助继电器。这种特殊辅助继电器编程过程中没有线圈，由 PLC 内部特定规则驱动其线圈，其触点在特定条件下通断，用户直接利用其触点，例如 M8000～M8003、M8012～M8014 等继电器。以下为几种常用的触点利用型特殊辅助继电器。

① M8000 与 M8001：运行监视特殊辅助继电器。M8000 特殊辅助继电器的线圈由 PLC 运行状态驱动，PLC 处于运行过程中，M8000 常开触点便一直为 ON。如图 5-23 所示，要求 Y0 在 PLC 运行过程中一直保持输出，编程规则中，不能在梯形图中直接无驱动条件输出 Y0，此时用 M8000 特殊辅助继电器触点作为驱动条件，其他的无条件驱动输出一般也采用此方法。

图 5-23　M8000 与 M8001 特殊辅助继电器

② M8002 与 M8003：初始化脉冲辅助继电器。如图 5-24 所示，M8002 特殊辅助继电器在 PLC 由停止状态转换至运行状态时，接通一个运行周期，M8003 则与 M8002 相反，断开一个运行周期。PLC 编程过程中，可以利用 M8002 特殊辅助继电器常开触点进行软元件的复位、控制系统的初始化设置等操作。

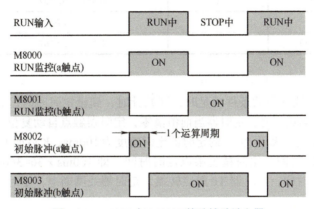

图 5-24　M8002 与 M8003 特殊辅助继电器

③ M8011～M8014：时钟脉冲继电器。如图 5-25 所示，时钟脉冲继电器 M8011～M8014 分别产生 10ms、100ms、1s 和 60s 的时钟脉冲输出，时钟脉冲为方波，一个周期内接通和断开的时间各占半个周期。编程过程中，可以直接调用时钟脉冲继电器 M8011～M8014 触点，比如一个指示灯的显示用 Y0 驱动，编程中，Y0 线圈可以串接 M8013 常开触点，不需要定时器控制即可得到指示灯闪烁效果（1s 周期）。

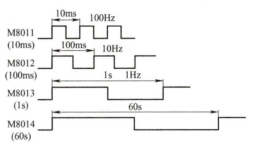

图 5-25　M8011～M8014 特殊辅助继电器

2) 线圈驱动型特殊辅助继电器。线圈驱动型特殊辅助继电器触点已由 PLC 指定了特定的功能，编程中只能用来驱动线圈。以下为几种常用的线圈驱动型特殊辅助继电器。

① M8033：输出保持型特殊辅助继电器。M8033 线圈由程序控制得到输出后，PLC 从运行状态转入停止状态时，映像寄存器与数据寄存器中的内容可以保持不变。

② M8034：禁止全部输出特殊辅助继电器。M8034 线圈由程序控制得到输出后，PLC 所有的输出将被禁止。

③ M8040：禁止步转移特殊辅助继电器。驱动 M8040 时，禁止步进顺控程序状态之间的转移。

5.5　定时器 T

PLC 定时器的作用相当于继电器控制系统中的时间继电器，主要用于定时控制，PLC 中的定时器都是通电延时型。定时器有三个寄存器，即当前值寄存器（用来存储时钟脉冲的累计当前值)、设定值寄存器(用于存储时钟脉冲个数的设定值)和输出触点的映像寄存器(用于存储定时状态,供其触点读取用)。这三个寄存器使用同一地址编号,由"T"和十进制数共同组成。表 5-4 为 FX$_{3U}$ 系列 PLC 定时器地址编号对应定时器类型及定时时间和精度。

表 5-4　FX$_{3U}$ 系列 PLC 定时器地址编号对照表

地址编号	定时精度/ms	定时时间范围/s	定时器类型
T0 ~ T199(200 点)	100	0.1 ~ 3276.7	普通定时器
T200 ~ T245(46 点)	10	0.01 ~ 327.67	普通定时器
T246 ~ T249(4 点)	1	0.001 ~ 32.767	积算定时器
T250 ~ T255(6 点)	100	0.1 ~ 3276.7	积算定时器
T256 ~ T511(256 点)	1	0.001 ~ 32.767	普通定时器

1. 普通定时器(T0 ~ T245、T256 ~ T511)

特点:当定时器线圈驱动条件满足时,开始计时,到设定时间时定时器触点动作。当线圈断电(驱动条件不满足)时,定时器当前值清零,定时器触点自动复位。

如图 5-26 所示,地址编号为 T0 的定时器定时精度为 100ms,K 后面的数值表示定时时间,36 为十进制数,定时时间为定时精度乘以定时时间,即 100ms×36=3600ms,即 3.6s。定时器线圈得电到达设定时间,定时器 T0 触点转换,定时器线圈断电,定时器当前值清零,触点自动复位。

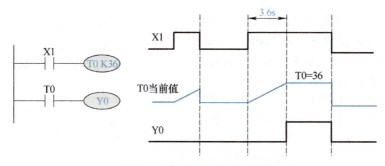

图 5-26　普通定时器工作过程

如图 5-27 所示,由两个定时器可以组成一个振荡电路,如果 Y0 驱动一个指示灯,可以通过调节 T0、T1 的定时时间,做成一个占空比可调、周期可调的指示灯闪烁电路。

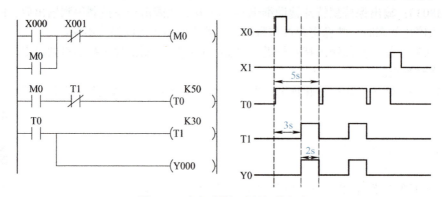

图 5-27　由定时器组成的振荡电路

如图 5-28 所示，定时器的定时时间也可以由数据寄存器中存储的数值决定，可以利用切换开关（X2）实现 T0 定时 2s 和定时 4s 的自由切换。实际应用过程中，也可以通过触摸屏等人机界面随时改变 D0 的数值，不修改程序的情况下也能实时更改 T0 定时时间。

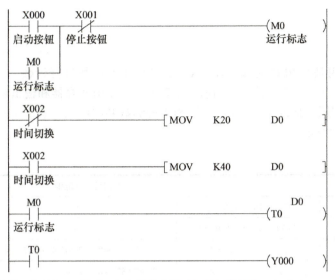

图 5-28　定时器定时时间的间接给定

2. 积算定时器（T246 ~ T255）

特点：当线圈驱动条件不满足时或断电时，定时器并不复位，当前值保持不变；当再次接通时，积算定时器将在上次定时时间的基础上继续累加；需要复位指令进行手动复位。

如图 5-29 所示，用积算定时器 T250 统计电动机累计的运行时间，电动机停止后，积算定时器线圈会断电，积算定时器的当前值不像普通定时器一样会清零，再次启动电动机，积算定时器可以从断电前的数值开始继续定时，因此可以对电动机运行时间进行累计计时，累计运行到需要保养的时间后，由定时器 T250 驱动保养指示灯，提示电动机需要保养，保养完成后，需用复位按钮对积算定时器进行复位，对电动机累计运行时间进行清零。

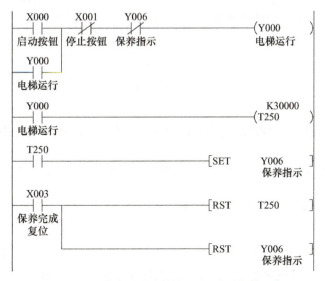

图 5-29　积算定时器编制的电动机定时保养程序

> 思考：修改上面程序，保养时间到，保养指示灯点亮，提示需要保养，但不停机运行，如果没有进行保养，下次开机时按下启动按钮，电动机不能启动。

5.6 计数器 C

计数器的作用是对 PLC 内部元件（X，Y，M，S）信号进行计数。与定时器一样，计数器也有三个寄存器，即当前值寄存器、设定值寄存器和输出触点的映像寄存器，这三个寄存器使用同一地址编号，由"C"和十进制数共同组成。表 5-5 中为 FX$_{3U}$ 系列 PLC 计数器地址编号对照表。

表 5-5　FX$_{3U}$ 系列 PLC 计数器地址编号对照表

分类	地址编号	计数器设定值范围	计数器类型
16 位加计数器	C0～C99（100 点）	1～32 767	通用型
	C100～C199（100 点）	1～32 767	断电保持型
32 位加/减计数器	C200～C219（20 点）	–2 147 483 648～2 147 483 647	通用型
	C220～C234（15 点）	–2 147 483 648～2 147 483 647	断电保持型

1. 16 位加计数器（C0～C199）

如图 5-30 所示，C0 为 16 位加计数器，作用是对 X11 的输入脉冲个数（通断次数）进行计数。16 位计数器计数值范围为 1～32 767。X11 每输入一个脉冲，C0 当前值加 1，C0 当前值等于设定计数值 10 时，计数器 C0 触点动作，X11 继续输入脉冲信号，计数器 C0 当前值保持为 10 不再增加。

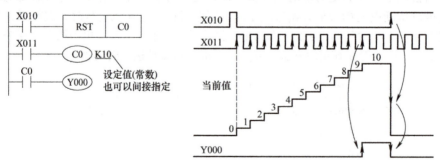

图 5-30　16 位加计数器的应用

1）计数器的复位：C0 线圈断电不会自动复位，需要通过 RST 复位指令复位并对当前值清零。

2）非断电保持型（C0～C99）：在 PLC 断电后计数器触点自动复位，计数器当前值自动清零。

3）断电保持型（C100～C199）：在 PLC 断电后，计数值不变，各触点保持断电前状态。

2. 32 位加/减计数器（C200～C234）

32 位计数器计数值采用 32 位数据，计数值设定范围更大，为 –2 147 483 648～2 147 483 647。如果计数设定值采用数据寄存器保存，例如编制 OUT　C200　D0 这条指令，32 位计数器 C200 计数设定值调用数据寄存器 D 的数据，由 D1、D0 两个 16 位数据寄存器组成的 32 位数据来给定 C200 的计数设定值；如果是 16 位的计数器，例如编制 OUT　C0　D0 这条指令，则只会使用 D0 里面的数据，D1 可以另做他用。

32 位计数器可以加计数，也可以减计数。由特殊功能继电器 M8200～M8234 进行加/减计数的控制，例如 C200 对应特殊辅助继电器 M8200，由 M8200 控制计数器加减计数方式：M8200=0，C200 为加计数；M8200=1，C200 为减计数。

如图 5-31 所示程序，由 X0 控制特殊辅助继电器 M8200，X0 为 OFF，M8200 为 OFF，控制 32 位计数器 C200 计数方式为加计数。C200 对 X2 输入脉冲计数，计数值设定为 3，当 C200 当前值大于或等于 3 时，C200 触点转换，Y0 输出，32 计数器当前值到达设定值后，可以继续加计数。当 X0 为 ON 时，M8200 为 ON，控制 C200 计数方式为减计数，X2 每输入一个脉冲，计数器当前值进行减 1 操作，当前值低于设定值时，C200 触点会复位。当 X1 为 ON 时，执行复位 C200 操作，将 C200 当前值清零。

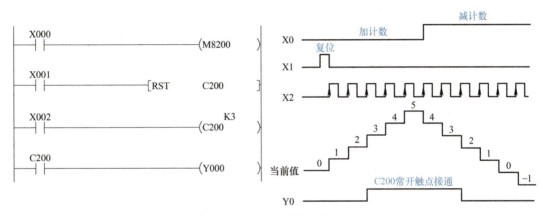

图 5-31　32 位计数器工作过程

5.7　传感器与 PLC 的连接

1. 常用接近开关

1）电感式接近开关：当金属靠近时，电感式接近开关可以输出有效信号。它只能检测金属物体，常作为限位开关，代替继电器控制电路中的机械式行程开关。

2）电容式接近开关：它是把被测位移、压力转换为电容变化而得到输出的一种传感器，常用于非金属物体的测量。

3）霍尔式接近开关：磁性物件靠近霍尔元件时，产生的霍尔效应可以让传感器得到输出。霍尔式接近开关检测的对象必须是磁性物体。

4）光电式接近开关：也叫红外式光电开关，它是利用被检测物体对红外光束的遮光或者反射，通过反射光线的变化而得到输出的一种传感器。可以检测物体的有无，既可以检测金属物体，也可以检测非金属物体。

各种常用接近开关外观如图 5-32 所示。

2. 三线制传感器与 PLC 的连接

虽然各种传感器的工作原理和检测对象不同，但在 PLC 输入端的连接方法是一样的。一般传感器工作电压为 DC 6～36V，在 PLC 输入端使用时，使用 PLC 主机提供的 DC 24V 电源。

PLC 输入端漏型接法：S/S 端子接 DC 24V 正极，输入公共端 COM 接 DC 24V 负极，外接三线制传感器需选择 NPN 型，低电平有效。PLC 输入端源型接法：S/S 端子接 DC 24V 负极，输入公共端 COM 接 DC 24V 正极，外接三线制传感器需选择 PNP 型，高电平有效。图 5-33 所示为 NPN 和 PNP 型三线制传感器在 PLC 输入端的连接。传感器在 PLC 输入端接线时，选择漏型接法还是源型接法非常关键，如果选错则不能匹配，在 PLC 输入端不能产生有效输入信号。

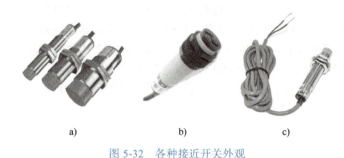

图 5-32　各种接近开关外观

a）电感式　b）光电式　c）电容式

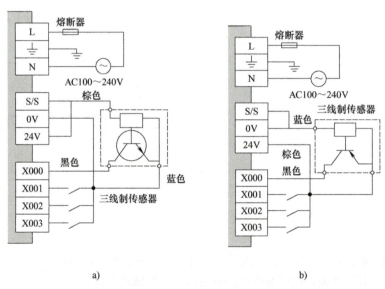

图 5-33　NPN 型和 PNP 型三线制传感器在 PLC 输入端的连接

a）NPN 型传感器采用漏型接法　b）PNP 型传感器采用源型接法

3. 两线制传感器与 PLC 的连接方法

两线制传感器只有棕色和蓝色两条引出线，传感器内部相当于一个开关。PLC 输入端采用漏型接法时（S/S 端子接 24V），两线制传感器棕色线连接 PLC 的 X 端子，蓝色线连接输入公共端 COM；PLC 输入端采用源型接法时（S/S 端子接 0V），两线制传感器棕色线连接 PLC 输入公共端 COM，蓝色线连接 X 端子。

项目 6 七段数码管循环显示控制

学习目标

1. 熟悉 PLC 的位元件和位组件。
2. 掌握 INC 指令格式及应用。
3. 掌握 DEC 指令格式及应用。
4. 掌握 ZRST 指令的格式与应用。
5. 熟悉常用脉冲指令及应用。
6. 养成规范的操作习惯、严谨细致的工作作风。

项目描述

七段数码管循环显示控制实训页面如图 6-1 所示，控制要求如下。

1）基本功能：数码管循环显示数字 0～9，按下"启动"按钮开始显示，按下"停止"按钮停止显示。

2）循环显示切换速度调节功能：默认每秒钟切换显示一个数字，数码管切换显示数字的时间可以调节，外接两个调速按钮，"加速"按钮每按下一次，切换时间减少 0.1s；"减速"按钮每按下一次，切换时间增加 0.1s。切换时间也可以由实训页面数据寄存器对话框直接输入。

3）正反向循环切换功能：在完成正向循环显示的基础上，加装开关控制正向循环和反向循环。控制开关可以用实训页面上的 M96 切换开关，也可以用 PLC 输入端 X 的外接开关信号。控制开关 ON 状态为正向加 1 循环，OFF 状态为反向减 1 循环。

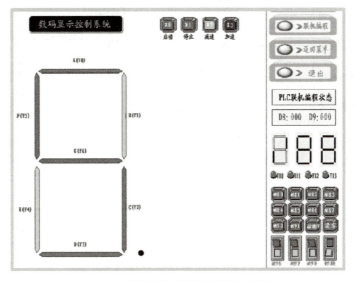

功能演示

图 6-1 七段数码管循环显示控制实训页面

项目实施

1. I/O 分配

根据项目分析,数码管循环显示控制输入端共有 4 个控制按钮及 1 个切换开关,输出端控制七段数码管的 7 个输出,根据控制要求对输入输出端口进行分配,见表 6-1。

表 6-1 数码管循环显示控制 I/O 分配表

输入端		输出端	
元件	端口编号	元件	端口编号
启动按钮 SB1	X0	七段数码管 a 段	Y0
停止按钮 SB2	X1	七段数码管 b 段	Y1
加速按钮	X2	七段数码管 c 段	Y2
减速按钮	X3	七段数码管 d 段	Y3
正反向循环切换	M96 或 X4	七段数码管 e 段	Y4
		七段数码管 f 段	Y5
		七段数码管 g 段	Y6

2. I/O 接线图

根据循环显示控制要求和七段数码管的 I/O 分配表,七段数码管循环显示控制硬件接线图如图 6-2 所示。

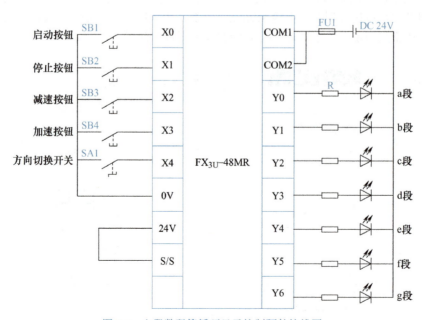

图 6-2 七段数码管循环显示控制硬件接线图

3. 编写与调试数码管循环显示程序

（1）启停控制及切换时间调节程序

如图 6-3 所示程序，系统启动后，启动定时器 T0，T0 的定时时间由数据寄存器 D9 给定，启动后通过 MOV 指令给 D9 里面送入 K10 数据，让 T0 的定时时间默认为 1s。这里一定要用脉冲执行型指令 MOVP，否则启动后 PLC 每次扫描都会送 K10 到 D9，导致后面不能通过加速、减速按钮调节 D9 的值，不能调节 T0 的定时时间，从而不能调节数码管切换显示的时间间隔。

程序设计

T0 采用自复位方式，定时时间到，T0 的常闭触点断开，从而断开 T0 线圈实现复位。复位后，T0 常闭再一次接通，线圈通电，立即进行下一轮的定时。

D8 里面的数值控制七段数码管显示的数值，T0 每接通 1 次，利用 INC 加 1 指令将数据寄存器 D8 的数值加 1。这里需要注意，需要用 T0 的上升沿触点，如果不是上升沿触点，而是普通常开触点，INC 指令就要用脉冲执行型指令 INCP，否则就会出现 PLC 每扫描 1 次，D8 就加 1 的情况。

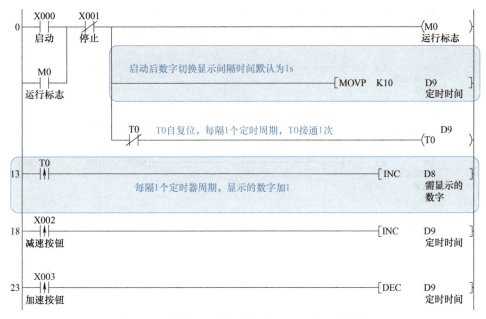

图 6-3 七段数码管启停控制与切换时间调节程序

（2）数码显示环节程序

如图 6-4 所示数码显示程序，数据寄存器 D8 里存储的数值为数码管需要显示的数值，通过 MOV 指令控制七段数码管显示相应的数字，D8 里面的数字大于 9 后，通过数据比较指令，自动给 D8 中的数字赋值为 0，数码显示又从 0 开始循环。

停止后，停止标志 M0 断开，M0 常闭触点接通，利用 ZRST 区间复位指令复位 Y0～Y7，清除数码显示。

（3）具有正反向循环切换功能的数码显示控制程序设计

前面的数码循环显示程序使用自保停程序控制启停，图 6-5 所示程序则用到了 SET、RST 指令来控制启停。

图 6-6 所示为正反向循环切换控制程序，在原来正向循环显示的基础上，加入一个转换开关 SA，增加数码显示正反向循环控制功能，开关断开则实现加 1 正向循环，开关接通则实现减 1 反向循环。

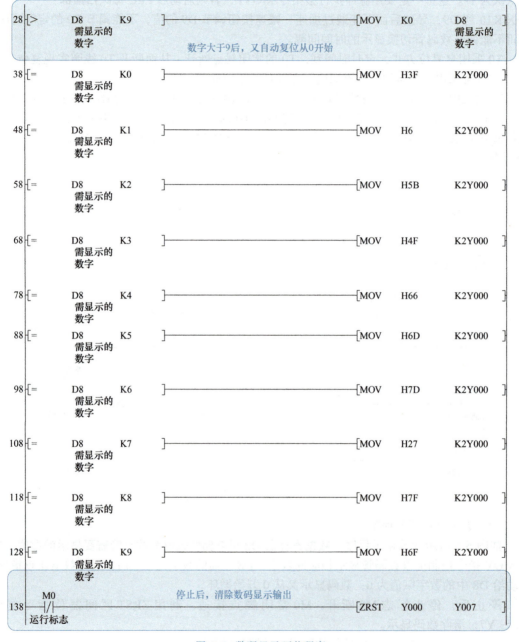

图 6-4 数码显示环节程序

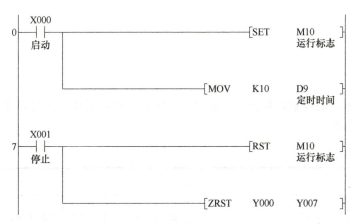

图 6-5 用 SET 与 RST 指令实现的启停控制环节程序

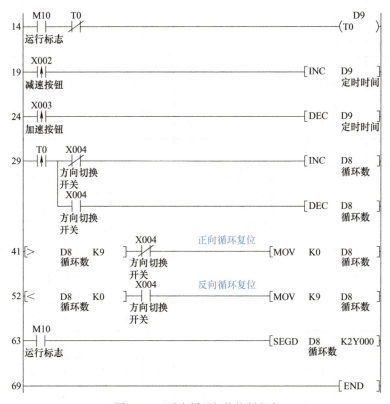

图 6-6 正反向循环切换控制程序

正反向循环由方向控制开关 X4 控制，控制开关断开时，X4 常闭触点接通，对 D8 进行加 1 操作，实现正向循环显示数字 0～9；控制开关接通时，X4 常开触点接通，对 D8 进行减 1 操作，实现反向循环显示数字 0～9。反向循环时，也需要进行复位处理，当 D8 减至 0 以下时，对 D8 重新赋值 9，进行下一轮显示循环。

前面的正向循环显示程序，用到了数据比较指令来控制数码显示，这里则利用七段数码管译码指令 SEGD 来实现数码显示，程序更加简洁。

相关知识

6.1　七段数码管简介

如表 6-2 所示，七段数码管由 a～g 共七段发光二极管组成，通过各发光段的组合，便可以得到各个数字的显示。

表 6-2　七段数码管的构成及数字显示

十六进制数	(S·)				七段数码管的构成	(D·)							显示数据
	b3	b2	b1	b0		B7	B6	B5	B4	B3	B2	B1	B0	
0	0	0	0	0		0	0	1	1	1	1	1	1	0
1	0	0	0	1		0	0	0	0	0	1	1	0	1
2	0	0	1	0		0	1	0	1	1	0	1	1	2
3	0	0	1	1		0	1	0	0	1	1	1	1	3
4	0	1	0	0		0	1	1	0	0	1	1	0	4
5	0	1	0	1		0	1	1	0	1	1	0	1	5
6	0	1	1	0		0	1	1	1	1	1	0	1	6
7	0	1	1	1		0	0	1	0	0	1	1	1	7
8	1	0	0	0		0	1	1	1	1	1	1	1	8
9	1	0	0	1		0	1	1	0	1	1	1	1	9
A	1	0	1	0		0	1	1	1	0	1	1	1	A
B	1	0	1	1		0	1	1	1	1	1	0	0	b
C	1	1	0	0		0	0	1	1	1	0	0	1	C
D	1	1	0	1		0	1	0	1	1	1	1	0	d
E	1	1	1	0		0	1	1	1	1	0	0	1	E
F	1	1	1	1		0	1	1	1	0	0	0	1	F

如图 6-7 所示，由 PLC 控制一位数字的七段数码显示时，用 Y0～Y6 这七个 Y 的输出来控制数码管的七段笔画（a～g）显示，比如显示数字 0，需要点亮 a、b、c、d、e、f 段，PLC 对应输出 Y0、Y1、Y2、Y3、Y4、Y5，便可控制显示数字 0。

如图 6-8 所示，控制七段数码管显示的 Y0～Y7（Y7 对应数码管小数点）中，Y0～Y3 低四位位元件组成一个位组件，可以用 K1Y0 来表示，高四位 Y4～Y7 组成另外一个位组件，可以用 K1Y4 来表示，Y0～Y7 则可以用 K2Y0 来表示。

Y7	Y6	Y5	Y4	Y3	Y2	Y1	Y0	显示数字
.	g	f	e	d	c	b	a	
0	0	1	1	1	1	1	1	0
0	0	0	0	0	1	1	0	1
0	1	0	1	1	0	1	1	2
0	1	0	0	1	1	1	1	3
0	1	1	0	0	1	1	0	4
0	1	1	0	1	1	0	1	5
0	1	1	1	1	1	0	1	6
0	0	1	0	0	1	1	1	7
0	1	1	1	1	1	1	1	8
0	1	1	0	1	1	1	1	9

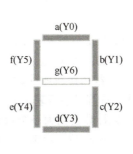

图 6-7　PLC 控制七段数码管显示

如果 PLC 控制七段数码管显示数字 0（小数点不显示），Y7～Y4 的输出为 0011，对应十六进制 H3，Y3～Y0 的输出为 1111，对应十六进制的 HF。如果执行"MOV H3F K2Y0"这条指令，PLC 输出端 Y7～Y0 输出便会按照十六进制数 3F 的二进制码组合顺序，即 0011 1111，得到输出，控制数码管显示数字 0。如果需要七段数码管显示 3，则可以执行"MOV H4F K2Y0"，PLC 输出端 Y7～Y0 则按照 0100 1111 得到输出。

用 MOV 指令控制位组件的输出，指令简洁方便。用双字节 DMOV 的 32 位指令，最多可以直接控制连续的 32 位的 Y 或者 M 的输出。MOV 指令的控制输出，具有自保持功能，执行条件断开时，能保持原来的输出。

> **练一练**：用 MOV 指令编写程序，X1～X7 外接按钮控制各段数码管的显示，X1 按下显示数字 1，X2 按下显示数字 2，以此类推。

	高四位一组			低四位一组				显示数字	对应十六进制数	
Y7	Y6	Y5	Y4	Y3	Y2	Y1	Y0			
.	g	f	e	d	c	b	a			
0	0	1	1	1	1	1	1	0	H3F	K10=HA
0	十六进制3		0	0	十六进制F		0	1	H06	K11=HB
0	1	0	1	1	0	1	1	2	H5B	K12=HC
0	1	0	0	1	1	1	1	3	H4F	K13=HD
0	1	1	0	0	1	1	0	4	H66	K14=HE
0	1	1	0	1	1	0	1	5	H6D	K15=HF
0	1	1	1	1	1	0	1	6	H7D	
0	0	1	0	0	1	1	1	7	H27	
0	1	1	1	1	1	1	1	8	H7F	
0	1	1	0	1	1	1	1	9	H6F	

图 6-8　七段数码管控制显示数字输出与十六进制数之间的关系

6.2　PLC 的位元件、字元件、位组件

1. PLC 的位元件

位（Bit）元件是 PLC 中用来表示 ON/OFF 两种状态的软元件，位元件的状态用一位二进制数（1 或者 0）来表示。

PLC 中常用的位元件有输入继电器 X、输出继电器 Y、辅助继电器 M、状态寄存器 S。

2. PLC 的字元件

8 个连续的位组成一个字节（Byte），16 个连续的位组成一个字（Word），32 个连续的位组成一个双字（Double Word）。

PLC 中的定时器和普通加计数器的当前值和设定值均为带符号位的字元件，普通数据寄存器也为字元件，有符号字可表示的最大正整数为 32 767。

32 位的加 / 减计数器则为一个双字元件。

图 6-9 所示为 PLC 位、字节、字的构成。

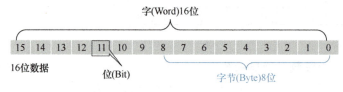

图 6-9　PLC 位、字节、字的构成

3. 位元件构成的位组件

FX 系列 PLC 中，常用 4 位位元件组成一个位组件，用于编程。位组件的构成如图 6-10 所示。

位组件的表现形式为：K+n+ 起始元件编号。

● n 代表组数：16 位指令（1≤n≤4）；32 位指令（1≤n≤8）。

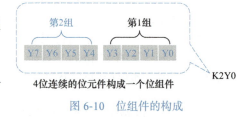

图 6-10　位组件的构成

● 起始元件编号：位组件最低位元件编号。

位组件对应的软元件一般为 X、Y、M 三种。

K1X0：数据对应 X 元件，最低位从 X0 开始。

K2Y3：数据对应 Y 软元件，最低位从 Y3 开始。

K2Y0：K2 代表组数是 2 组，每组 4 位，共 8 位，Y0 则代表软元件为 Y 且起始元件编号（最低位）从 Y0 开始，K2Y0 对应的是 Y7、Y6、Y5、Y4、Y3、Y2、Y1、Y0 这 8 个 Y 输出。

如图 6-11 所示，需要将 M5～M20 这连续的 16 个 M 元件用位组件表示，共 16 个元件，4 位一组，位组件前半部分为 K4，M 元件首地址为 M5，组合后则为 K4M5。

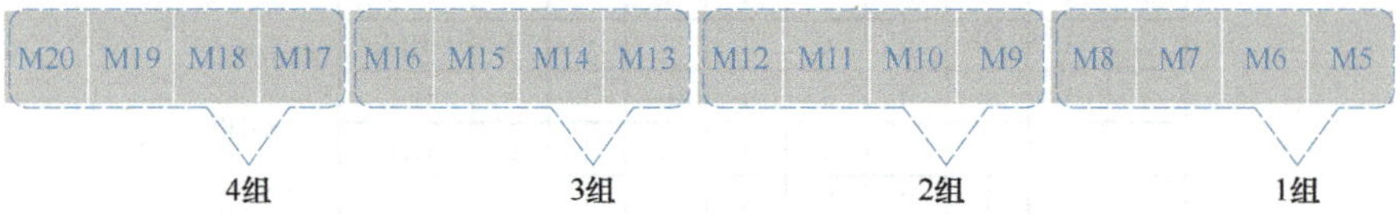

图 6-11　M 元件构建位组件

其他位组件代表的位元件数据如下。

● K1X0：X3、X2、X1、X0。

● K2M2：M9、M8、M7、M6、M5、M4、M3、M2。

● K4Y1：Y20、Y17、Y16、Y15、Y14、Y13、Y12、Y11、Y10、Y7、Y6、Y5、Y4、Y3、Y2、Y1。

M 元件为十进制，X 和 Y 元件为 8 进制，八进制和十进制连续数据位的编号是有区别的，X 元件和 Y 软元件没有 8 和 9 的元件编号。

6.3 MOV 指令

指令功能：将软元件的数据内容传送到其他软元件中。

如图 6-12 所示 MOV 指令程序，当执行条件满足时，将源数据传送到目标数据处，当执行条件断开时，指令不执行，数据保持不变。脉冲执行数据传送指令加后缀 "P"，MOVP 执行条件满足时，只传送一次数据。32 位数据传送指令加前缀 "D"，DMOV 指令传送 32 位数据。

图 6-12 MOV 指令程序

MOV 指令与位组件在编程中的应用如下。

1. 将多位数据输出到 Y 控制输出

如图 6-13 所示程序，Y 输出采用位组件方式，用一条 MOV 数据传送指令，可以控制多个 Y 的输出，16 位的 MOV 指令最多可以控制 16 位，32 位的 DMOV 指令最多可以控制 32 位。

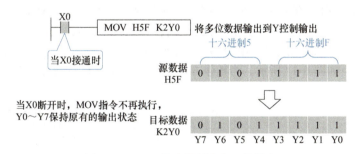

图 6-13 MOV 指令控制多位 Y 的输出

2. 利用 X 的位组件给数据寄存器输入数据

如图 6-14 所示程序，可以利用 X 输入端组合的位组件，通过数据传送指令给数据寄存器 D0 赋值，例如 X7～X0 的输入为 0100 1011，X20 接通后，数据传送指令将 0100 1011 这一组二进制数据输入 D0 存储。K2X0 总共只有 8 位数据，被赋值到 D0 的低 8 位，D0 的高 8 位没有对应的数据，将自动补 0。

3. 将数据寄存器中的数据按位输出至 Y 或者 M

如图 6-15 所示程序，通过 MOV 指令可以将数据寄存器中的数按位输出，输出对象可以是 Y，或者是 M。上面的例子中，D0 为 16 位数据，K3M0 位组件对应 12 位，数据位数是不匹配的，数据传输时，会自动将 D0 的高 4 位舍弃，低 12 位数据按位输出至 M0～M11。

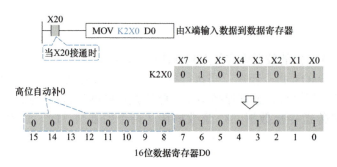

图 6-14　用输入位组件给数据寄存器赋值

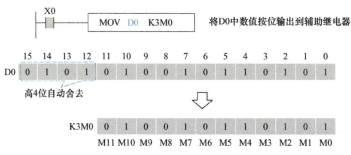

图 6-15　将数据寄存器中的数据按位输出至 Y 或者 M

4. 32 位数据的处理和传送

如图 6-16 所示为 32 位数据传送指令程序，源操作数首地址指定为 D100，则自动占用 D101，两个 16 位数据寄存器组合成为一个 32 位数据寄存器，其中 D100 为低 16 位，D101 为高 16 位；目标操作数首地址指定为 D200，则自动占用 D201，D200 为低 16 位，D201 为高 16 位；当执行条件 X0 接通时，由 D101、D100 组成的 32 位数据传输至由 D201、D200 组成的 32 位数据中，如图 6-17 所示。为操作方便，32 位双字元件首地址一般用偶地址。

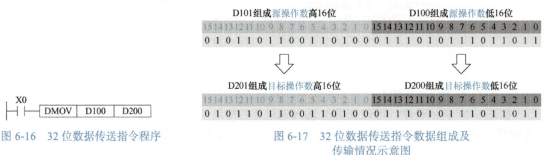

图 6-16　32 位数据传送指令程序　　　　图 6-17　32 位数据传送指令数据组成及
　　　　　　　　　　　　　　　　　　　　　　　　　传输情况示意图

6.4　INC 指令与 DEC 指令

1. INC 指令

指令功能：当执行条件满足时，将指令后面的操作数进行加 1 操作。脉冲执行加 1 指令加后缀"P",当其执行条件满足时,INCP 指令只进行一次加 1 操作。32 位加 1 指令加前缀"D",DINC 指令对 32 位数据做加 1 操作。图 6-18 所示为 INC 加 1 指令程序。

图 6-19 所示为连续执行型加 1 指令编写的 PLC 扫描速度检测程序,当 X0 接通时,PLC 每扫描一次,都进行一次加 1 操作,用 INC 指令可以检测 PLC 扫描的速度,D0 在 X0 接通 1 秒时间内,数据从 0 增加至 185,代表 PLC 每秒进行 185 次程序扫描。

图 6-18　INC 加 1 指令程序　　　　图 6-19　PLC 扫描速度检测

PLC 一般情况下在执行条件满足时,只进行一次加 1 操作,执行条件要用边沿检测指令 LDP 或 LDF,或者用 INCP 脉冲执行型指令。

2. DEC 指令

指令功能:当执行条件满足时,将指令后面的操作数进行减 1 操作。脉冲执行减 1 指令加后缀"P",当执行条件满足时,DECP 指令只进行一次减 1 操作。32 位减 1 指令加前缀"D",DDEC 指令对 32 位数据做减 1 操作。图 6-20 所示为 DEC 减 1 指令程序。

跟 INC 指令一样,在执行条件满足时,DEC 指令一般情况下只进行一次减 1 操作,执行条件要用边沿检测指令 LDP 或 LDF,或者用 DECP 脉冲执行型指令。

图 6-20　DEC 减 1 指令

6.5　区间复位指令 ZRST

指令功能:对指定的两个元件区间范围内的同类元件进行成批复位操作。图 6-21 所示为区间复位指令及其常见用法。

图 6-21　区间复位指令及其常见用法

区间复位指令可以对连续区间的多个元件进行复位操作,使用方便。它可以对位元件(比如 Y、M 元件)做成批复位处理,也可以对字元件(比如数据寄存器 D、计数器 C、定时器 T)里面的数据进行成批清零处理,在程序编写中经常用到。

> **注意**：区间复位指令中的区间起始元件编号要小于区间结束元件编号，并且两者必须为同类型元件。

6.6 脉冲指令

脉冲指令指产生脉冲化输入信号或者微分输出的指令，有上升沿和下降沿脉冲两大类。脉冲指令有 LDP、LDF、ANDP、ANDF、ORP、ORF、PLS、PLF、MEP、MEF，其梯形图及功能见表 6-3。与脉冲指令 ANDP、ANDF 和取脉冲指令 LDP、LDF 在梯形图编程中可以通用。

表 6-3 常用脉冲指令梯形图及功能

助记符	名称	梯形图	功能	可操作软元件
LDP	取脉冲上升沿	X000 ↑├─(Y000)	Y0 在 X0 上升沿到来时，一个扫描周期为 ON	X、Y、M、T、C、S
LDF	取脉冲下降沿	X000 ↓├─(Y000)	Y0 在 X0 下降沿到来时，一个扫描周期为 ON	
ORP	或脉冲上升沿	X000 ↑├─(Y000)，X001 ↑├	并联上升沿脉冲	
ORF	或脉冲下降沿	X000 ↓├─(Y000)，X001 ↓├	并联下降沿脉冲	
PLS	上升沿微分输出	X000 ├─[PLS Y000]	X0 为 ON 时，Y0 接通一个扫描周期	Y、M（特殊 M 除外）
PLF	下降沿微分输出	X000 ├─[PLF Y000]	X0 从 ON 变 OFF 时，Y0 接通一个扫描周期	
MEP	运算结果上升沿	X000 X001 ↑─(Y000)	运算结果为 ON 的上升沿，Y0 接通一个扫描周期	无
MEF	运算结果下降沿	X000 X002 ↓─(Y000)	运算结果为 OFF 的下降沿时，Y0 接通一个扫描周期	

（1）LDP、LDF 取脉冲沿指令

LDP 取脉冲上升沿指令用于检测触点的上升沿，仅在指定软元件从 OFF 到 ON 的上升沿时刻，接通一个扫描周期。与 LD 取指令相比，LDP 指令在对应软元件从 OFF 变为 ON 时，只出现一次有效触发信号，图 6-22 所示为 LDP 指令与 LD 指令在程序中的功能区别。

LDF 取脉冲下降沿指令用于检测触点的下降沿，仅在指定软元件从 ON 到 OFF 的下降沿时刻，接通一个扫描周期。

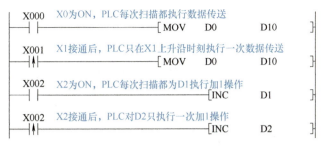

图 6-22　LDP 指令与 LD 指令在程序中的功能区别

（2）ORP、ORF 并联脉冲触点指令

ORP、ORF 分别为并联上升沿触点及并联下降沿触点指令。

（3）PLS、PLF 微分输出指令

PLS 为上升沿脉冲微分指令，功能是检测到输入脉冲的上升沿时，PLS 指令的操作元件线圈接通一个扫描周期，操作元件为 Y 或者 M，特殊 M 元件不可用。PLS 指令应用如图 6-23 所示。

PLF 为下降沿脉冲微分指令，功能是检测到输入脉冲的下降沿时，PLF 指令的操作元件 Y 或者 M 的线圈接通一个扫描周期。PLF 指令应用如图 6-24 所示。

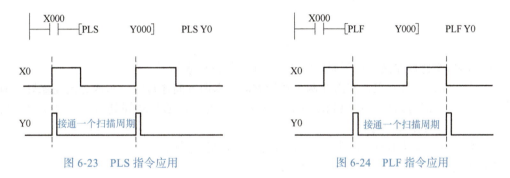

图 6-23　PLS 指令应用　　　　　　　图 6-24　PLF 指令应用

（4）MEP、MEF 运算结果脉冲指令

MEP 指令为运算结果上升沿指令，取从左母线开始到 MEP 指令处为止的逻辑运算结果，运算结果从 OFF 变为 ON 时产生一个脉冲输出。该指令用一个向上的箭头表示，无操作软元件，通常是对多个触点构成的逻辑运算方程实现脉冲化处理。

MEF 指令为运算结果下降沿指令，取从左母线开始到 MEF 指令处为止的逻辑运算结果，运算结果从 ON 变为 OFF 时产生一个脉冲输出，该指令用一个向下的箭头表示。

MEP 和 MEF 指令应用如图 6-25 所示。

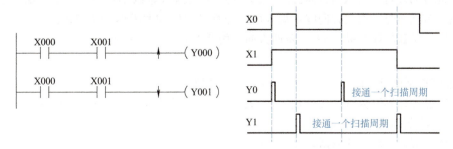

图 6-25　MEP 和 MEF 指令应用

项目 7　具有倒计时功能的十字路口交通灯控制系统安装与调试

学习目标

1. 进一步熟悉定时器的使用，掌握定时器当前值的应用。
2. 熟悉触点比较指令的应用。
3. 熟悉 DEC 指令的应用。
4. 按企业标准和工作规范开展设计与安装任务，培养职业岗位素养。

项目描述

1. 设计定时器当前值控制的十字路口交通灯电路

十字路口交通灯控制实训页面如图 7-1 所示，控制要求如下。

1）十字路口设置有东西和南北两个通行方向，东西方向通行时，东西方向亮绿灯、南北方向亮红灯；一定时间后，转换到南北方向通行，南北方向通行时间到后，又自动切换到东西方向通行，一直循环运行。

2）东西方向默认通行时间为 30s，南北方向默认通行时间为 20s。

3）东西方向通行 30s 中的交通灯状态如下。

- 南北方向红灯：一直点亮。
- 东西方向绿灯：与南北方向红灯一起点亮，第 25s 开始以 1Hz 频率闪烁 3 次后熄灭。
- 东西方向黄灯：东西方向绿灯熄灭后，开始以 1Hz 频率闪烁 2s 后熄灭。
- 东西方向黄灯熄灭后，完成整个东西方向通行周期的灯控，然后转换到南北通行控制。

4）南北方向通行 20s 中的交通灯状态如下。

- 东西方向红灯：一直点亮。
- 南北方向绿灯：与东西方向红灯一起点亮，第 15s 开始以 1Hz 频率闪烁 3 次后熄灭。
- 南北方向黄灯：南北方向绿灯熄灭后，开始以 1Hz 频率闪烁 2s 后熄灭。

5）按下强制黄灯按钮（X2），东西方向、南北方向均闪烁黄灯。

2. 设计计数器当前值控制的倒计时显示十字路口交通灯控制系统

交通灯控制要求与前面相同，增加以下两项功能。

1）通过实训界面数据寄存器输入框 D0 和 D1，分别设定东西通行时间与南北通行时间，实现通行时间的随时修改。

2）通过实训页面上的数据寄存器（D10～D14）显示停止方向红灯倒计时和通行方向绿灯倒计时。实训页面上的倒计时数据寄存器分配见表 7-1。

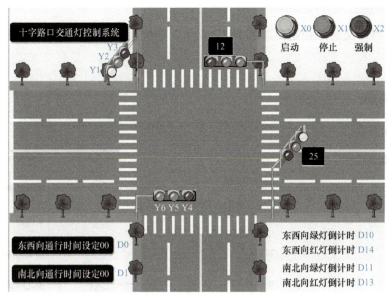

功能演示

图 7-1 具有倒计时功能的十字路口交通灯控制系统

表 7-1 具有倒计时功能的十字路口交通灯控制系统数据寄存器分配表

数据寄存器作用	数据寄存器编号	数据寄存器作用	数据寄存器编号
东西向绿灯倒计时数据	D10	东西通行时间设定	D0
南北向绿灯倒计时数据	D11	南北通行时间设定	D1
南北向红灯倒计时数据	D13		
东西向红灯倒计时数据	D14		

项目实施

7.1 设计定时器当前值控制的十字路口交通灯控制系统

1. I/O 分配

根据项目分析,十字路口交通灯控制系统输入端共 3 个控制按钮,输出端共 6 个指示灯,根据控制要求对输入 / 输出端口进行分配,见表 7-2。

表 7-2 十字路口交通灯控制 I/O 分配表

输入端		输出端	
元件	端口编号	元件	端口编号
启动按钮 SB1	X0	东西向绿灯 HL1	Y1
停止按钮 SB2	X1	东西向黄灯 HL2	Y2
强制黄灯按钮 SB3	X2	东西向红灯 HL3	Y3
		南北向绿灯 HL4	Y4
		南北向黄灯 HL5	Y5
		南北向红灯 HL6	Y6

2. I/O 接线图

根据十字路口交通灯控制要求和表 7-1 的 I/O 分配表，交通灯控制硬件接线图如图 7-2 所示。

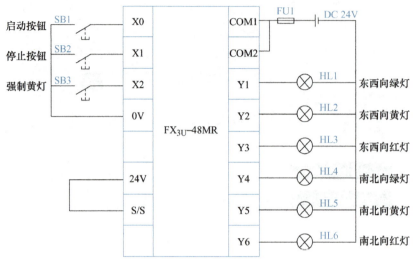

图 7-2　十字路口交通灯控制硬件接线图

3. 程序编写与调试

（1）启动与循环控制环节

如图 7-3 所示交替通行控制程序中，用辅助继电器 M0 和 M1 作为主控开关分别控制东西与南北通行交通灯的控制。T0 的定时值为东西通行时间，利用 T0 的当前值进行东西通行交通灯信号的控制，特殊辅助继电器 M8013 控制交通灯的闪烁。T0 定时时间到，T0 触点启动 M1，切换到南北通行。T1 的当前值用于南北交通灯信号的控制，T1 定时时间到，再次启动 M0，切换到东西通行。

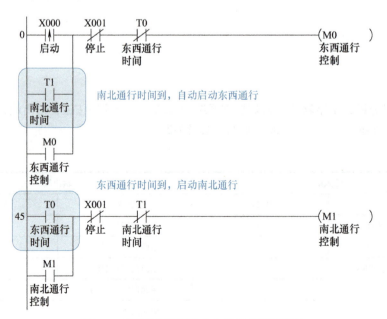

图 7-3　启停控制及两个方向的交替通行控制

（2）红绿灯控制程序

图 7-4 和图 7-5 所示分别为东西通行和南北通行红绿灯的参考程序。

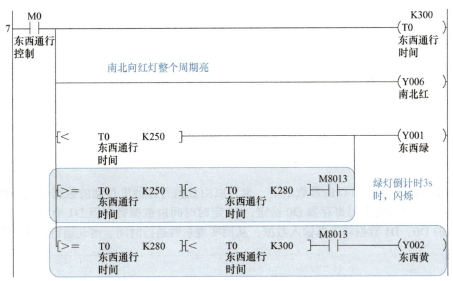

图 7-4　东西通行红绿灯控制程序

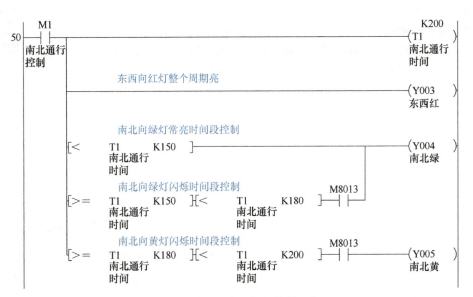

图 7-5　南北通行红绿灯控制程序

定时器 T 是一个位元件，之前练习用的定时器触点是作为一个位元件使用，定时时间到，定时器触点转换，用于程序控制；同时，定时器 T 也是一个数值型软元件，定时器当前值对应一个数据寄存器，里面存储的数据也可以用于程序控制，这里就是利用了定时器的当前值进行交通灯时间的控制。完整程序见二维码内容。

如图 7-6 所示，可以利用定时器当前值控制指示灯闪烁电路，实现只需一个定时器就可以完成闪烁功能，闪烁周期为 4s，点亮时间为 3s、熄灭时间为 1s，也可以用此类型程序产生任意周期和占空比的方波信号。

完整程序

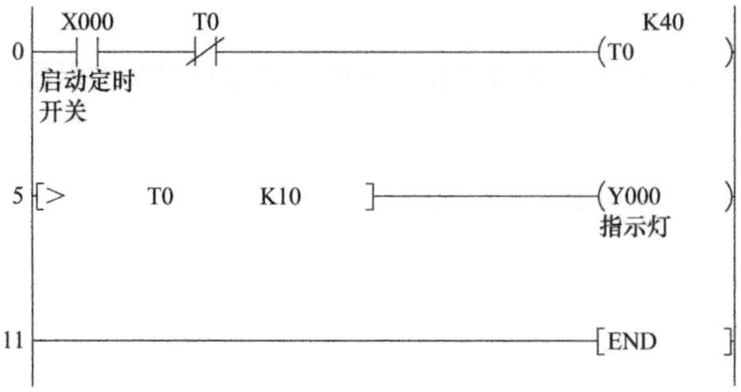

图 7-6 用定时器当前值控制的指示灯闪烁电路

项目延伸

定时器的定时时间可以由常数给定，也可以由数据寄存器里存储的数据给定。修改以上程序，T0 定时时间由数据寄存器 D0 给定，T1 定时时间由数据寄存器 D1 给定，实现通过实训界面上的 D0、D1 数据输入框输入数据，从而实现东西通行时间、南北通行时间的变更。

7.2 设计计数器当前值控制的倒计时显示十字路口交通灯控制系统

1. 程序编写与调试

（1）启停控制

用计数器控制的交通灯控制程序，其结构与定时器控制的交通灯程序基本相同，可以通过实训界面的数据寄存器输入框设定通行时间，并且具有倒计时功能。图 7-7 所示为计数器当前值控制交通灯的启停控制参考程序。

程序设计

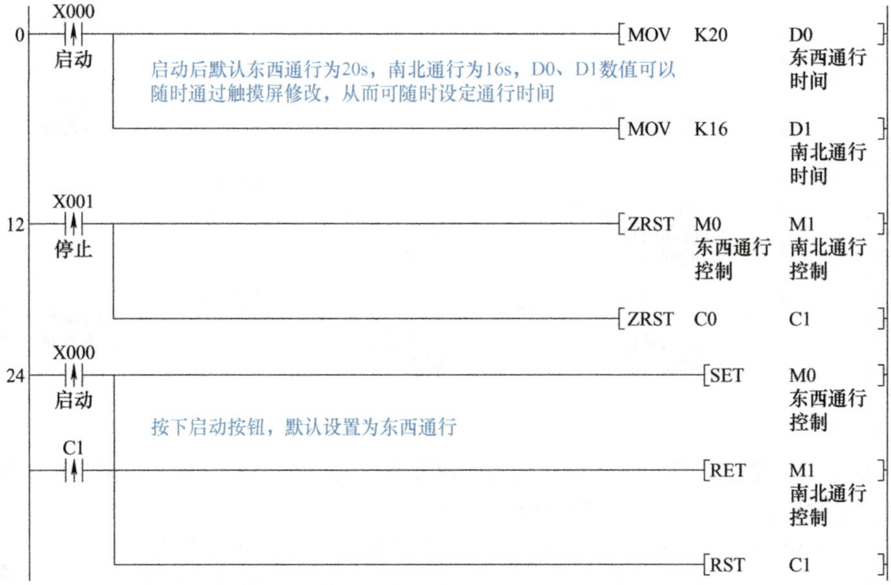

图 7-7 启停控制参考程序

（2）交通灯东西方向、南北方向循环交替通行控制程序

图 7-8 所示为计数器控制的十字路口交通灯通行方向控制参考程序。按下启动按钮，默

认东西方向通行。东西通行时，利用 M8013 秒脉冲对 C0 计数，计数数值为东西通行设定时间 D0 里面的数值，C0 计数完成，代表东西通行时间结束，由 C0 触点启动南北通行；南北通行时启动计数器 C1 计数，C1 计数完成，代表南北通行时间结束，C1 常开触点再次启动东西通行，这样由 C0、C1 触点控制东西方向、南北方向交通灯的交替循环点亮。

图 7-8　通行方向控制参考程序

（3）红绿灯显示控制程序

图 7-9 和 7-10 所示分别为十字路口交通灯东西通行和南北通行时的交通灯显示控制参考程序。东西方向和南北方向分别利用 C0 和 C1 进行控制，计数器的触点控制通行方向的切换，计数器的当前值控制交通灯的显示。特殊辅助继电器 M8013 对计数器进行计数，每秒计一个数。

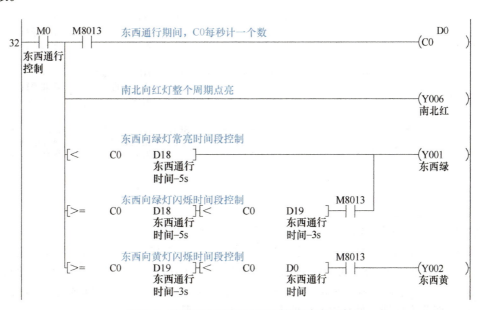

图 7-9　东西通行时交通灯显示控制参考程序

```
          M1    M8013                                                    D1
79    ───┤ ├───┤ ├──────────────────────────────────────────────────────(C1)
      南北通行
       控制
                              南北通行期间程序与东西方向程序一致

                                                                        Y003
                      ──────────────────────────────────────────────────(  )
                                                                        东西红

              ┌────────────────────────────────┐                        Y004
              │ <    C1    D20 │                │                       (  )
              │           南北通行│                │                       南北绿
              │           时间-5s│                │
              │                                 │       M8013
              │ >=   C1    D20 │ <   C1    D21 │       ┤ ├
              │           南北通行│     南北通行    │
              │           时间-5s│     时间-3s    │
              │                                 │       M8013           Y005
              │ >=   C1    D21 │ <   C1    D1  │       ┤ ├            (  )
              │           南北通行│     南北通行    │                       南北黄
              │           时间-3s│     时间       │
```

图 7-10 南北通行时交通灯显示控制参考程序

（4）绿灯、黄灯闪烁时间节点控制数据的处理

因为要实现实训界面输入数值实时改变交通灯的通行时间，交通灯的绿灯和黄灯开始闪烁的时间点不像前面的定时器控制交通灯程序那样是一个常数，而是随着输入的时间变化而变化的。如图 7-11 所示参考程序，用数据寄存器的数据来作为计数器计数值，比如东西通行的时间设定数据寄存器为 D0，将 D0 里面的数减 5 存储到 D18 中，D18 里面的数随着 D0 变化而变化，始终比 D0 少 5，D18 里面的数值就作为东西方向绿灯闪烁的控制时间，当 C0 当前值等于 D18 时，也即通行时间的倒数第 5s，就控制东西方向的绿灯开始闪烁。

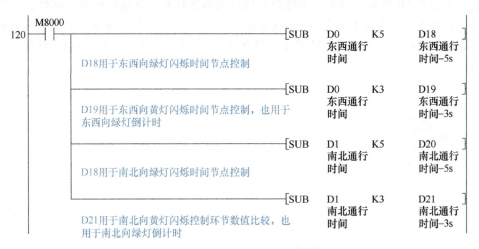

图 7-11 绿灯、黄灯闪烁时间节点控制数据的处理

（5）倒计时显示

东西通行时，东西向绿灯点亮的时间比南北向红灯时间少 3s，在图 7-11 所示程序中将 D0 的数值减 3，传送入 D19，作为控制黄灯闪烁的程序，D19 里面的数据就是东西通行的时间。用 MOV 数据传送指令将 D19 传送到 D10 里面，D10 作为东西绿灯倒计时，每秒减 1，实现绿灯倒计时。如图 7-12 所示，下一轮东西通行周期到来后，D10 重新赋值又进行下一轮的倒计时。南北方向通行倒计时与东西方向是一样的原理。

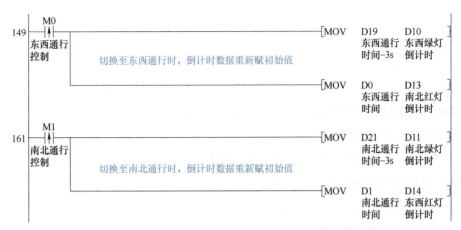

图 7-12　倒计时数据清零后重新赋值处理

倒计时的显示：在东西通行时，南北方向的红灯在整个东西通行周期都是亮的，倒计时时间就是东西通行时间，东西通行设定时间为 D0 值，切换到东西通行时，将 D0 里面的数据传送到 D13。D13 作为南北向红灯的倒计时，每秒减 1，实现南北向倒计时显示，程序如图 7-13 所示。

完整程序见二维码内容。

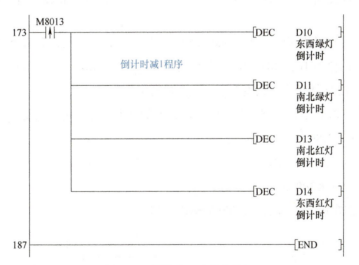

完整程序

图 7-13　倒计时显示参考程序

计数器 C 是一个位元件，计数次数到，则计数器触点转换，用于程序控制；同时，计数器 C 也是一个数值软元件，计数器当前值就是一个数据寄存器，里面存储的数据也可以用于程序控制。此交通灯的示例程序，就是利用计数器数据来进行程序控制的。

思考与练习

1. 为什么不能直接用 D19 中的数据作为东西向绿灯倒计时？

2. 加入早晚高峰通行时间设定，每天早高峰 7：30—9：00，东西通行时间长，设定为 50s，南北通行时间为 20s；晚高峰期间 17：30—19：00，南北通行时间长，设定为 40s，东西通行时间为 20s。其他时间段东西、南北通行时间都为 30s。程序设计参考 PLC 编程手册特殊数据寄存器 D8013～D8019 相关知识。

模块二习题

一、填空题

1. M8012 特殊辅助继电器接通的时间周期是_____。

2. M8013 的脉冲占空比是_____。

3. 对于所有的 FX CPU，表示 1s 时钟脉冲的是_____。

4. 特殊辅助继电器 M8034 为 ON 时，_____。

5. M8002 接通的特点是_____。

6. M8002 为特殊辅助继电器，有_____功能。

7. FX 系列 PLC 中 Run 一直为 ON 的辅助继电器是_____。

8. PLC 编程中，用_____位元件组成一个位组件。

9. 组合位元件 K4M15 表示的位元件是_____。

10. M0～M15 中，M0、M2 数值都为 1，其他都为 0，那么，K4M0 数值为_____。

11. 输入端软元件 X10、X7、X6、X5、X4、X3、X2、X1 组成一个位组件，可以用_____表示。

12. 一般的数据寄存器由 16 位二进制数构成，最高位为符号位，数值范围为_____。

13. 如果 Z1 的值为 10，D8Z1 相当于软元件_____，X6Z1 相当于软元件_____。

14. T200～T245 属于定时精度为_____的普通定时器。

15. FX_{3U} 系列 PLC 中，当驱动条件断开后，不能马上复位的定时器是_____。

16. 定时器 T10 K80 的定时时间是_____。

17. FX_{3U} 系列 PLC 中，地址编号为 T201 的定时器定时精度为_____。

18. 定时器 T256 K300 的定时时间是_____。

19. 下面梯形图中，X0 接通后，Y0 的输出规律是_____。

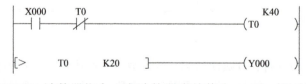

20. 对于 OUT C0 K10 计数器指令，当计数器当前值为 10 时，驱动条件再次有效执行一次，则计数器当前值为_____。

21. 计数器线圈断电后，计数器当前值_____。

22. 一个企业要对生产线上每个月生产的工件进行计数，一条生产线的月产量约为 300 万件左右，生产线停电复产后，要能继续计数，PLC 编程所需要的计数器需要用_____型计数器。

23. 16 位加计数器计数值到达设定值时，若仍然有计数信号，计数器当前值_____，执行复位后_____。

24. 当设置 C213 为减计数时，相应的特殊辅助继电器 M8213 为_____状态。

25. 在执行 OUT C125 K200 计数器指令时，当计数器当前值为 100 时突然断电，再次通电上机后，其当前值是_____。

26. C0～C199 归类于_____。

27. 当执行下面指令时，计数器当前值为 10 时，若 X1 再次接通，则计数器当前值为_____。

28. C235～C255 归类于_____。

29. C236 的计数方向由_____来指定。

30. C200 是一个_____位计数器，计数值设定范围为_____。

31. 三菱 PLC 中，16 位的内部计数器，其计数值最大可设定为_____。

32. FX 系列 PLC 中，PLS 表示_____指令。

33. FX 系列 PLC 中，LDP 表示_____指令。

二、设计题

1. 设计程序，用定时器或者定时器与计数器组合实现 8h 的长时间延时，启动 Y0 8h 后，Y0 断开。

2. 设计程序实现功能：用接在 X0 输入端的光电开关检测传送带上通过的产品，有产品通过时 X0 为 ON，并对通过的产品进行计数，如果在 10s 内没有产品通过，由 Y0 发出报警信号，用 X1 输入端外接的开关解除报警信号。

3. 有一台四级皮带运输机，分别由 M1、M2、M3、M4 四台电动机拖动，其动作顺序如下：

1）启动时，要求按 M1 → M2 → M3 → M4 顺序启动，启动时间间隔为 2s；

2）停车时，要求按 M4 → M3 → M2 → M1 顺序停车，停止时间间隔为 3s；

设计程序实现上述控制功能。

4. 设计一个由定时器组成的电动机延时启动、延时停止电路，要求：按下启动按钮 5s 后电动机才启动；按下停止按钮 5s 后电动机才停止。

模块三

PLC 功能指令及应用

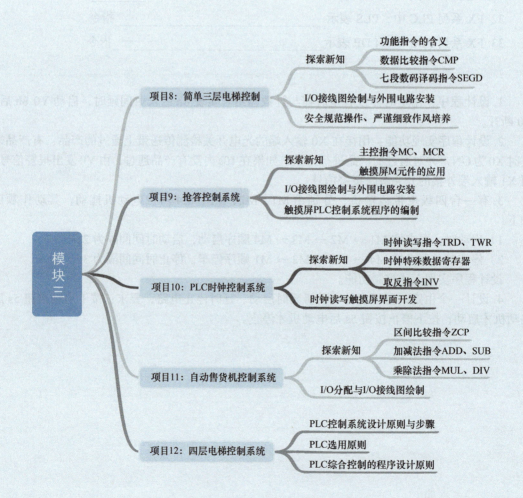

项目 8　简单三层电梯控制系统安装与调试

学习目标

1. 掌握 CMP 指令的应用。
2. 掌握 SEGD 指令的应用。
3. 掌握三层电梯控制系统 PLC 外围电路的安装。
4. 按企业标准和工作规范开展设计任务及线路安装任务，培养职业岗位素养。

项目描述

三层电梯控制系统实训页面如图 8-1 所示。

1）呼叫按钮由电梯轿厢楼层选择内呼按钮（X11～X13）和电梯门厅的电梯上行、下行外呼按钮（X21～X23）组成，简单的电梯控制内呼按钮和外呼按钮功能一致。

2）轿厢在相应的位置安装有楼层到位检测传感器（X1～X3），轿厢到达相应的楼层后，该楼层的对应传感器接通。

功能演示

图 8-1　三层电梯控制系统实训页面

其动作要求如下。

1）电梯的运行控制：当呼叫楼层号（包括轿厢内楼层选择内呼与电梯外部上行、下行外呼）大于到达楼层号时，控制电梯上行，到达呼叫楼层后自动停止，按下开关门按钮控制轿厢门开启和闭合。当呼叫楼层号小于到达楼层号时，控制电梯下行，到达呼叫楼层后自动停止。

2）手动电梯开关门的控制：当轿厢处于停止状态时，按下开门按钮，执行开门动作，开门到位后自动停止。电梯开门后，按下关门按钮，执行关门动作，关门到位后自动停止。

3）电梯自动开关门控制：当轿厢到达呼叫楼层停止后，延时一定时间，执行自动开门动作，开门到位后，自动停止。开门到位后，延时一定时间，然后自动执行关门，关门到位后，自动停止。

4）楼层显示控制：由七段数码管显示电梯轿厢当前所在楼层。

项目实施

1. I/O 分配

根据项目分析，三层电梯控制系统输入端共 8 个控制按钮和 5 个限位传感器，输出端包括轿厢升降控制、开关门控制、楼层显示控制，共计 11 个输出。根据控制要求对输入／输出端口进行分配，见表 8-1。

表 8-1 三层电梯控制 I/O 分配表

输入端		输出端	
元件	端口编号	元件	端口编号
一层到位 SQ1	X1	电梯上升控制 KM1	Y0
二层到位 SQ2	X2	电梯下降控制 KM2	Y1
三层到位 SQ3	X3	轿厢开门控制 KM3	Y3
关门到位传感器 SQ4	X6	轿厢关门控制 KM4	Y4
开门到位传感器 SQ5	X7	楼层显示数码管 a 段	Y20
一层内呼 SB1	X11	楼层显示数码管 b 段	Y21
二层内呼 SB2	X12	楼层显示数码管 c 段	Y22
三层内呼 SB3	X13	楼层显示数码管 d 段	Y23
一层外呼 SB4	X21	楼层显示数码管 e 段	Y24
二层外呼 SB5	X22	楼层显示数码管 f 段	Y25
三层外呼 SB6	X23	楼层显示数码管 g 段	Y26
轿厢开门按钮 SB7	X26		
轿厢关门按钮 SB8	X27		

2. I/O 接线图

根据三层电梯控制系统要求和表 8-1 的 I/O 分配表，绘制三层电梯控制系统 I/O 接线图，参见图 8-2。

项目 8　简单三层电梯控制系统安装与调试

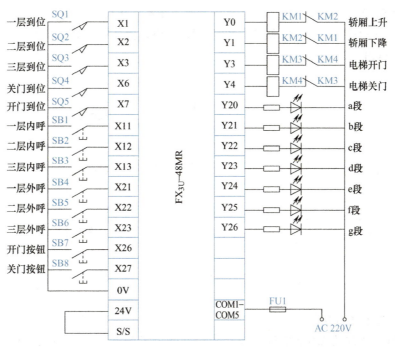

图 8-2　三层电梯控制系统 I/O 接线图

3. 程序编制与调试

（1）呼叫楼层登记

图 8-3 所示为电梯呼叫楼层登记参考程序，是简单的电梯控制系统程序，电梯门厅上行、下行的外部呼叫，或者电梯轿厢内部的楼层选择呼叫，功能上并无差别，都是将对应楼层数字送入呼叫楼层数据寄存器 D9 中存储起来。

程序设计

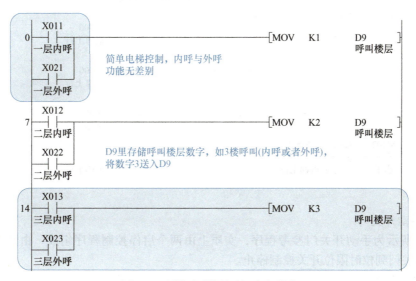

图 8-3　电梯呼叫楼层登记参考程序

（2）轿厢到位楼层的处理程序

当电梯某一楼层选择按钮按下（内呼）或者该层电梯外部呼叫按钮按下（外呼）时，就代表该楼层的数值送入数据寄存器 D9 存储，D9 里面存储的数值代表当前呼叫楼层。

如图 8-4 所示参考程序，X1～X3 分别连接 1 楼至 3 楼轿厢到位传感器，例如，电梯轿厢到达二层，2 楼到位传感器 X2 接通，X2 接通后，将数值 2 送入 D2，D2 里面存储了轿厢当前到位楼层的数值。

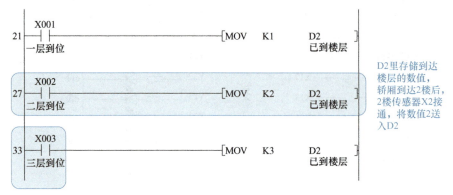

X1、X2、X3为楼层轿厢到位传感器，轿厢到达所在楼层，相应传感器接通

图 8-4　轿厢到位楼层的处理程序

（3）轿厢运行方向决策

图 8-5 所示程序为 CMP 数据比较指令控制的电梯轿厢运行方向决策程序，将当前呼叫楼层数 D9 与轿厢当前所在楼层数 D2 两个数值进行比较，由比较的结果控制电梯的运行方向，呼叫楼层数 D9 大于轿厢所在楼层数 D2，控制电梯上行，呼叫楼层数 D9 小于轿厢所在楼层数 D2，控制电梯下行，当呼叫楼层数 D9 等于轿厢所在楼层数 D2 时，控制电梯停止。

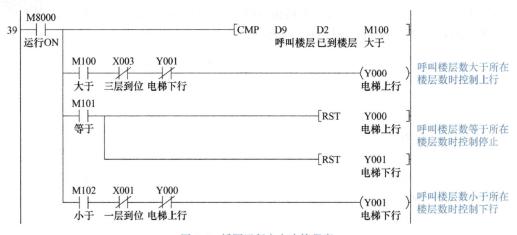

图 8-5　轿厢运行方向决策程序

（4）手动开关门

图 8-6 所示为手动开关门参考程序，实质上由两个启停控制程序组成，由开关门控制按钮启动，开关门到位时限位开关控制停止。

（5）楼层显示

图 8-7 所示为楼层显示参考程序，数据寄存器 D2 里面存储了轿厢当前所在楼层数值，例如当前轿厢到达二层，D2=2，SEGD 指令将 D2 里面的数值译码成该数值对应的七段数码管输出，连接七段数码管的 Y27～Y20 依次输出 0101 1011，控制七段数码管显示数值 2。

项目 8　简单三层电梯控制系统安装与调试

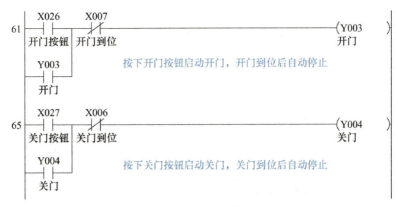

图 8-6　手动开关门参考程序

图 8-7　楼层显示参考程序

项目延伸

1. 具有自动开关门功能的电梯控制系统程序设计

在原有手动开关门的基础上,增加自动开关门功能,在电梯到达呼叫楼层后,延时一定时间,自动开启轿厢门。开门到位后,延时一定时间后,自动关门。开门和关门的延时时间由实训页面右侧菜单栏数据寄存器 D0、D1 输入值来决定。完整程序见二维码内容。

完整程序

如图 8-8 所示,自动开门信号由开门定时器 T1 提供,T1 定时时间到,启动自动开门。自动关门启动信号由关门定时器 T2 提供,T2 定时时间到,启动自动关门。

如图 8-9 所示,启动自动开门定时器 T1 的关键触发信号,用到了 M101 的上升沿,M101 是前面轿厢运行方向控制的 CMP 比较指令中结果相等时的运算输出,当呼叫楼层数 D9 等于到达楼层数 D2 时,M101 接通,控制轿厢停止,可以用 M101 的上升沿作为自动开门定时器的启动信号。关门定时器 T2 则由开门到位限位开关 X7 启动,开门到位后,启动关门定时器 T2,T2 定时时间到,启动轿厢关门。

> **思考:** 这里为什么要用 M101 的上升沿触点?用普通常开触点会出现什么问题?

开门定时器 T1 和关门定时器 T2 启动信号都为脉冲沿信号,不能保证定时器线圈连续通电计时,在这里,需加上由辅助继电器 M3、M4 组成的自保停电路,定时时间到,由定时器自身的常闭触点控制定时器线圈断电。

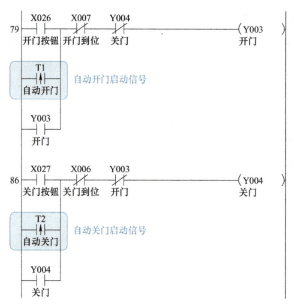

图 8-8　自动开门和自动关门的启动信号

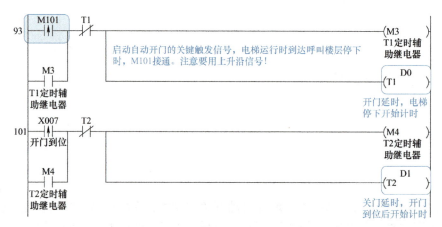

图 8-9　自动开关门定时启动程序

开门定时器 T1 和关门定时器 T2 的定时时间可以由常数给定，参考程序选择由数据寄存器 D0、D1 给定，D0 和 D1 可以由实训页面右侧输入框给定数值，这样可以随时改变开关门延时时间。

2. 四层电梯程序设计与调试

在原有三层电梯程序基础上，修改程序，实现对四层电梯的控制。

相关知识

8.1　功能指令的使用要素、含义及分类

图 8-10 所示为加法运算功能指令，X0 常开触点是功能指令执行的条件，后面的方框为功能框。功能框中分别有指令名称和操作数。这种功能框图形式直观，便于理解。

图 8-10 加法运算功能指令

加法指令及功能见表 8-2。

表 8-2 加法指令及功能

指令名称	助记符	指令代码	操作数范围			程序步数
			S1（·）	S2（·）	D（·）	
加法指令	ADD ADDP DADD	FNC20	K、H、KnX、KnY、KnM、KnS、T、C、D、V、Z	KnY、KnM、KnS、T、C、D、V、Z	ADD：7 步 DADD：13 步

（1）助记符

功能指令的助记符是该条指令的英文缩写词。如加法指令 Addition Instruction，简写为 ADD；减法指令 Subtraction，简写为 SUB。采用这种方式，容易记忆，便于了解指令功能，掌握指令应用。

助记符 ADDP 为脉冲执行型加法指令，当功能指令条件满足时，只执行一个扫描周期；如果是不带后缀 "P" 的 ADD 指令，PLC 每一个扫描周期都执行相加一次。

助记符 DADD 为 32 位数据加法指令，默认处理 16 位数据。功能指令 ADD 带有前缀 "D"，代表为 32 位数据操作指令，例如执行 DADD D0 D2 D10，源操作数为 D1、D0 以及 D3、D2 组成的 32 位数据，相加后的运算结果送入 D11、D10 组成的 32 位数据寄存器中。

其他功能指令与 ADD 加法指令一样，加上后缀 "P"，则是脉冲执行型指令；加上前缀 "D"，则为 32 位数据处理指令。DADDP 为 32 位的脉冲执行型加法指令。

（2）指令代码

每条功能指令都有一个固定的编号，即指令代码。FX_{3U} 功能指令代码为 FNC00～FNC295。FNC00 代表 CJ 跳转指令，FNC20 代表 ADD 加法指令，FNC23 代表 DIV 除法指令，FNC295 代表扩展文件寄存器初始化指令。

（3）操作数范围

操作数即功能指令所涉及的数据。操作数按功能分为源操作数、目标操作数、其他操作数，表 8-3 中为功能指令常用字元件操作数的含义。

表 8-3 功能指令常用操作数（字元件）含义

数据元件名称	含义	备注
K	十进制整数	K 代表十进制
H	十六进制整数	H 代表十六进制
KnX	输入继电器位组合数据	n=1 对应 4 个继电器位元件的组合 K1X0 对应 X3～X0 这 4 位数据的组合 16 位指令 n≤4 32 位指令 n≤8
KnY	输出继电器位组合数据	
KnM	辅助继电器位组合数据	
KnS	状态继电器位组合数据	
T	定时器当前值	16 位数据
C	计数器当前值	C0～C199 为 16 位数据 C200～C255 为 32 位数据
D	数据寄存器	

数据元件名称	含义	备注
V、Z	变址寄存器	
R	扩展寄存器	

- 源操作数：指功能指令执行后，不改变其内容的操作数，用 [S] 表示；
- 目标操作数：指功能指令执行后，将其内容改变的操作数，用 [D] 表示；
- 其他操作数：既不是源操作数，也不是目标操作数，称为其他操作数，用 m、n 表示。其他操作数往往是常数，或者是对源操作数、目标操作数进行补充说明的有关参数。

在功能指令中，源操作数、目标操作数可能不止一个，如果有多个，则加上数码予以区别，例如 [S1]、[S2]、[D1]、[D2]。操作数如果是间接操作数，则在功能指令操作数旁边加一点"·"，例如 [S1·]、[D·]。

（4）程序步数

程序步数为执行该指令所需要的步数。功能指令的功能号和指令助记符占一个程序步，每个 16 位操作数是两个程序步，32 位操作数是 4 个程序步，16 位的加法指令为 7 个程序步，32 位的加法指令为 13 个程序步。

8.2　数据比较指令 CMP

指令功能：数据比较指令是将两个数据进行比较，并将比较结果（小于、等于、大于）输出到位元件。

CMP 结果输出的位软元件常用 M 元件，位元件需占用连续的 3 位。

图 8-11 所示为 CMP 指令，CMP 指令结果输出指定为 M100，程序将自动占用 M100～M102 连续的 3 个位元件。数据 1 大于数据 2，M100 为 ON；数据 1 等于数据 2，M101 为 ON；数据 1 小

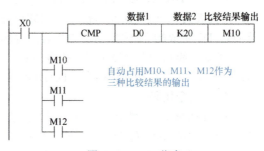

图 8-11　CMP 指令

于数据 2，M102 为 ON。X2 执行条件断开，指令不执行时，M100～M102 输出保持原来的状态。

图 8-12 所示程序为数据寄存器 D0 中的数据与十进制数字 10 进行比较时，D0 赋值三个不同的数据时，三种输出结果的程序监视情况。

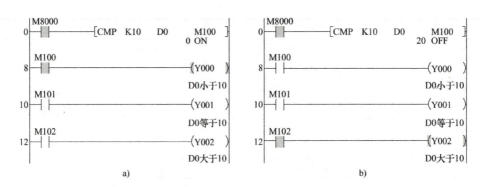

图 8-12　CMP 指令应用实例

a) D0=0 比较输出情况　b) D0=20 比较输出情况

```
         M8000
  0  ─────┤ ├──────────[ CMP   K10   D0    M100 ]
                                     10    OFF

         M100
  8  ─────┤ ├─────────────────────────────( Y000 )
                                           D0小于10
         M101
 10  ─────┤ ├─────────────────────────────( Y001 )
                                           D0等于10
         M102
 12  ─────┤ ├─────────────────────────────( Y002 )
                                           D0大于10
```

c)

图 8-12 CMP 指令应用实例（续）

c) D0=10 比较输出情况

8.3 七段数码译码指令 SEGD

指令功能：对数据位进行译码，得到该数据七段数码管对应的输出，以方便显示该数据。

如图 8-13 所示为 SEGD 七段译码指令应用程序，X0 接通，译码指令将数字 0 译码（见表 8-4），将输出继电器 Y7～Y0 的输出转换成七段数码管显示数字 0 的组合，即 0011 1111，让数码管显示数字 0。X1 接通，数码管显示 1；X2 接通，显示数字 2。

译码指令的输出具有保持功能，X0 断开，数码管继续显示数字 0，直到其他指令对输出进行更新。

译码指令的译码范围为单个数字，是 0～9、A～F 中任一个数字，例如源操作数为 H368，只会对最后一位数字 8 进行译码，显示数字 8，高位数据将被舍弃，如果源操作数是调用数据寄存器 D 里面的数据，也只会对最后一位数字译码，高位数据将被舍弃。

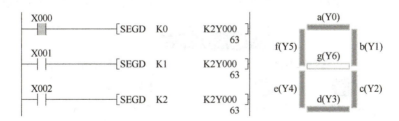

图 8-13 SEGD 七段译码指令应用程序

表 8-4 显示数字 0 时数码管与输出继电器的对应关系

输出继电器	Y7	Y6	Y5	Y4	Y3	Y2	Y1	Y0
七段数码管	·	g	f	e	d	c	b	a
数字 0 对应的二进制	0	0	1	1	1	1	1	1

项目 9　抢答控制系统安装与调试

学习目标

1. 掌握 MC 主控指令的应用。
2. 掌握抢答控制系统增加触摸屏控制功能的程序设计。
3. 熟悉抢答控制系统的硬件电路安装与程序调试。
4. 培养正确、安全操作设备的习惯，严谨的做事风格和协作意识。

项目描述

八路抢答器实训页面如图 9-1 所示，控制要求如下。

（1）抢答过程

主持人按下开始抢答按钮后，开始抢答指示灯 HL1 点亮，选手只有在主持人按下抢答按钮后方可抢答。进入抢答状态后，若有选手成功抢到，蜂鸣器响 0.5s，提示抢答成功；七段数码管显示最先按下抢答按钮的选手编号，此后其他选手按抢答按钮无效。

答题结束后，主持人按下复位按钮，复位指示灯 HL2 点亮，清除抢答结果。主持人再次按下启动按钮进入下一轮答题抢答。

（2）犯规判定

若主持人未按下开始抢答按钮，即系统仍处于复位状态下，选手按下抢答按钮则判定犯规，此时蜂鸣器响 2s，犯规指示灯 HL3 以 1Hz 频率闪亮，并且七段数码管闪烁显示犯规选手编号。

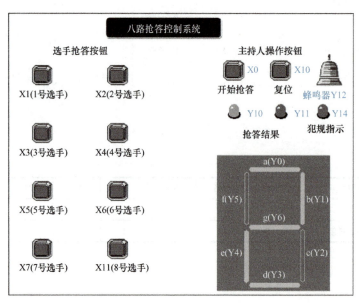

功能演示

图 9-1　八路抢答器控制系统实训页面

项目实施

9.1 用普通指令实现抢答控制系统

1. I/O 分配

根据项目分析，八路抢答器输入端共 10 个控制按钮，输出端包括输出指示灯及七段数码管共 10 个输出，根据控制要求对输入/输出端口进行分配，见表 9-1。

表 9-1 八路抢答器 I/O 分配表

输入端		输出端	
元件	端口编号	元件	端口编号
主持人开始按钮 SB0	X0	数码管 a 段	Y0
1 号选手抢答按钮 SB1	X1	数码管 b 段	Y1
2 号选手抢答按钮 SB2	X2	数码管 c 段	Y2
3 号选手抢答按钮 SB3	X3	数码管 d 段	Y3
4 号选手抢答按钮 SB4	X4	数码管 e 段	Y4
5 号选手抢答按钮 SB5	X5	数码管 f 段	Y5
6 号选手抢答按钮 SB6	X6	数码管 g 段	Y6
7 号选手抢答按钮 SB7	X7	开始抢答状态指示灯 HL1	Y10
主持人复位按钮 SB8	X10	复位状态指示灯 HL2	Y11
8 号选手抢答按钮 SB9	X11	蜂鸣器 HA1	Y12
		犯规指示灯 HL3	Y14

2. I/O 接线图

根据八路抢答器控制要求和表 9-1 的 I/O 分配表，绘制抢答器控制系统的 I/O 接线图，如图 9-2 所示。

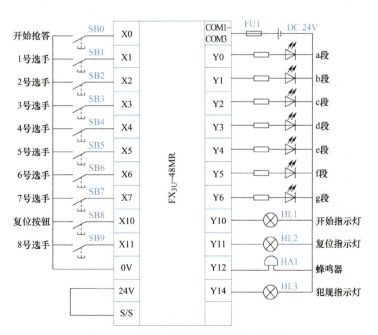

线路安装

图 9-2 八路抢答器控制系统 I/O 接线图

3. 编写和调试程序

图 9-3 所示为开始抢答及复位操作参考程序。图 9-4 所示为抢答成功标志设定与蜂鸣器输出控制参考程序。图 9-5 所示为选手抢答控制参考程序。图 9-6 所示为选手抢答成功后七段数码管选手编号显示程序。

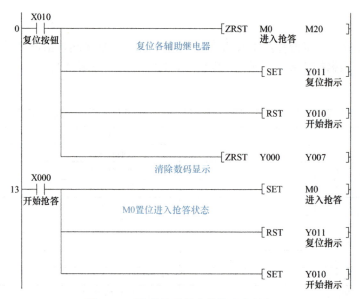

图 9-3　开始抢答及复位操作参考程序

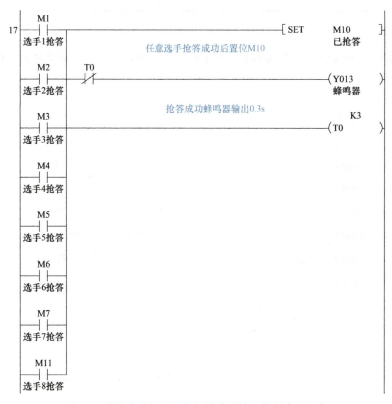

图 9-4　抢答成功标志设定与蜂鸣器输出控制参考程序

图 9-5 选手抢答控制参考程序

图 9-6 选手抢答成功后七段数码管选手编号显示程序

9.2 用主控指令 MC 实现抢答控制系统

完整程序

图 9-7 所示为 MC 主控指令控制的选手抢答程序，各选手要进行正常抢答，需要两个条件，一是主持人已按下开始抢答按钮，进入抢答状态标志 M0 置位；二是其他选手仍未抢答成功，已抢答成功标志 M10 为 OFF。

抢答器选手抢答成功标志设定的程序中，8 位选手的抢答程序都串接了开始抢答标志 M0 常开触点和已抢答成功标志 M10 常闭触点，这种多个程序行串接相同条件触点的程序，可以用 MC 主控程序实现，用主控触点替代各个分支的触点，减少了程序步数，提高了扫描效率。

图 9-7 MC 主控指令控制选手抢答程序

图 9-8 所示为主控指令和普通指令实现的抢答程序对比。八路抢答系统中,抢答成功标志的设定用普通指令实现,此部分程序共 28 步,而用 MC 主控指令实现时,程序只有 21 步,程序更加简洁。

图 9-8 主控指令和普通指令实现的抢答程序对比

a)主控指令实现　b)普通指令实现

9.3 增加犯规报警的抢答控制系统

在原有基础功能的抢答控制系统上，增加了犯规报警功能，如有选手在主持人没有按下开始抢答按钮时进行了抢答，则判定犯规。选手犯规后，犯规指示灯闪亮，并且数码管闪烁显示犯规选手编号。图 9-9 所示为犯规标志设定和犯规指示灯参考程序，图 9-10 所示为犯规抢答参考程序，图 9-11 所示为犯规选手编号闪烁显示部分程序。

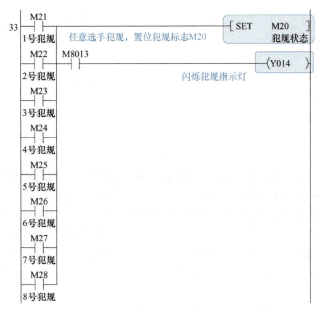

图 9-9 犯规标志设定和犯规指示灯参考程序

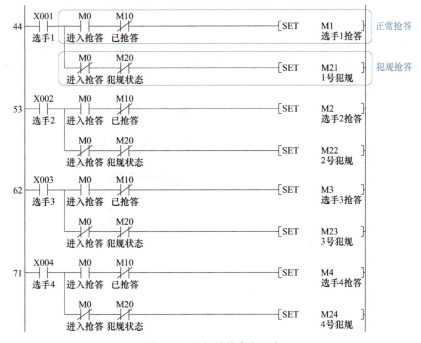

图 9-10 犯规抢答参考程序

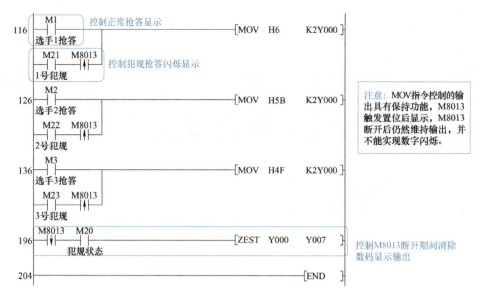

图9-11 犯规选手编号闪烁显示部分程序

按照控制要求，若选手提前抢答，则判定犯规，数码管以1Hz的频率闪烁显示犯规选手编号。这里用到了M8013来控制显示犯规选手编号，例如1号选手犯规，1号选手犯规标志M21接通，M21串接了M8013触点，利用M8013的上升沿控制数码管显示数字1。MOV指令控制的输出，与SET指令一样具有保持功能，要实现数码管闪烁功能，在点亮数码管0.5s后，必须对输出进行复位，这里利用M8013的下降沿。M8013上升沿0.5s后，M8013下降沿到来，清除数码管显示。0.5s后，M8013的下一个上升沿到来，再一次点亮输出，以此实现闪烁的功能。

9.4 带触摸屏抢答功能的译码指令抢答控制系统

1）在原有硬件按钮的基础上，增加一套触摸屏控制按钮，触摸屏用M元件控制抢答，实现屏幕按钮和PLC输入X端外接按钮都能控制抢答系统的运行，如图9-12所示。

2）更改原来的程序，改为用数码译码指令SEGD来实现抢答结果显示。

图9-12 MCGS触摸屏控制抢答器页面

一般组态软件对于 PLC 的 X 元件只能读、不能写，且 X 元件资源非常有限，而 PLC 的 M 元件资源却丰富得多，可以方便地通过触摸屏软件对 M 元件进行读写，为节省硬件资源，触摸屏的控制用软元件一般都是用 M 元件。

如果只需要触摸屏控制，可以用触摸屏的 M 元件直接替代原来的 X 元件，这样可以节省 X 元件端子，修改程序时，可以用软元件查找及替换的方式修改原来的程序，来实现触摸屏控制功能；如果需要硬件按钮和触摸屏按钮都可以控制，修改程序时，则可以在原来的基础上增加触摸屏控制按钮，实现的一般方法是启动按钮并联，停止按钮串联，如图 9-13 所示。

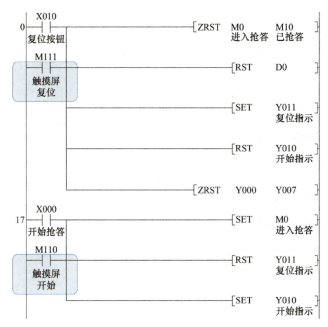

图 9-13　增加触摸屏控制的开始抢答与复位控制程序

如图 9-14 所示参考程序，与前面的抢答器编程思路不同，利用了数据寄存器记录抢答信息，并且用 SEGD 译码指令控制抢答结果显示。用数据寄存器 D0 记录抢答成功选手编号，当某选手抢答成功后，D0 存储了该选手编号（选手编号为 1～8），此时，D0 中的数值将大于 0，D0 与 K0 的数据比较结果控制已抢答成功标志 M10 置位，从而锁定抢答结果。抢答成功后，用译码指令 SEGD 控制显示 D0 存储的抢答成功选手的编号，即可显示抢答结果。

图 9-14　SEGD 控制显示抢答结果抢答器程序

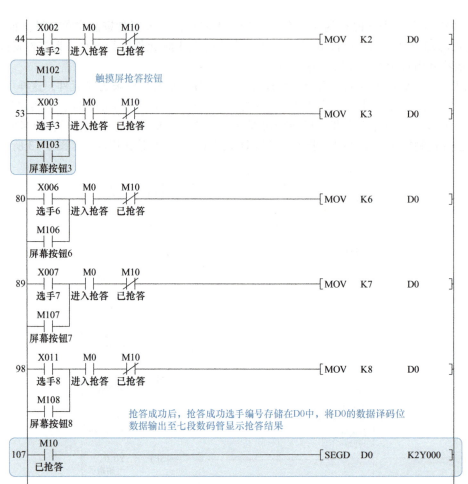

图 9-14 SEGD 控制显示抢答结果抢答器程序（续）

相关知识

9.5 主控指令 MC 与主控复位指令 MCR

1. 主控指令 MC

指令功能：通过 MC 操作软元件 Y 或 M 动合触点，将左母线临时移到 MC 触点之后，形成一个主控电路块，图 9-15 所示为主控指令结构示意图。

2. 主控复位指令 MCR

功能：取消临时左母线，即左母线返回到原来位置，结束主控电路块。MCR 是主控电路的终点。

主控指令

3. MC 指令特性

1）MC 指令下，当主控条件具备时，执行该主控段内的程序；条件不具备时，该主控段内的程序不执行，其中的积算定时器、计数器、用 SET/RST 指令驱动的软元件保持其原来的状态，常规定时器和 OUT 驱动的软元件状态变为 OFF。

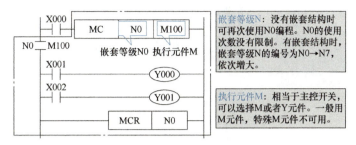

图 9-15　主控指令结构示意图

2）使用 MC 指令后，相当于母线移到主控触点之后，因此与主控触点相连的触点必须用 LD 或 LDI 指令，再由 MCR 指令使母线回到主母线上，因此 MC、MCR 指令必须成对出现。

3）使用主控指令的梯形图中，仍然不允许双线圈输出，这点需要特别注意。

4）MC 指令可以嵌套使用，即在 MC 指令内可再使用 MC 指令，嵌套级 N 的编号 0～7 依次增大，用 MCR 指令返回时，嵌套级的编号由大到小依次解除。

如图 9-16 所示主控指令应用范例，主控条件满足时 Y3 有输出。主控 6 断开时（即主控条件不满足），即使 X2 接通，Y3 也没有输出。

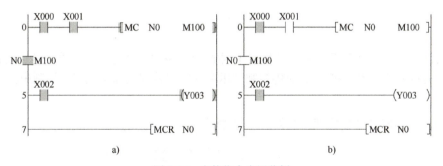

图 9-16　主控指令应用范例

a）主控条件满足　b）主控条件不满足

项目 10　PLC 时钟控制系统设计与调试

学习目标

1. 熟悉 PLC 与时间相关的特殊数据寄存器。
2. 熟悉 TRD 读时钟指令与 TWR 写时钟指令的格式及应用。
3. 学会 PLC 时钟读写触摸屏界面的开发。
4. 熟悉 INV 取反指令的格式及应用。
5. 进一步熟悉和掌握时间特殊数据寄存器的应用。
6. 进一步熟悉定时器指令、计数器指令的应用。
7. 提升细心细致、严谨求真的品德品质。

项目描述

本项目通过三个典型任务来学习 PLC 时钟控制电路的设计与调试，首先学会设计触摸屏读写 PLC 时钟程序，然后将 PLC 时钟控制应用在课间响铃控制和整点报时控制中。

1. 触摸屏读写 PLC 时钟程序设计

触摸屏读写 PLC 时钟实训页面如图 10-1 所示。

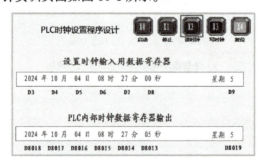

图 10-1　触摸屏读写 PLC 时钟实训页面

（1）触摸屏界面开发

用组态王或者 MCGS 组态软件开发读写 PLC 时钟页面，页面设置 7 个数据寄存器输入框，用于改写 PLC 时钟的预置数据；设置 D8013～D8019 数据寄存器输出框，以便在触摸屏界面显示 PLC 系统时钟。对于读时钟按钮、写时钟按钮、复位按钮的制作，组态王软件可以使用 X 元件，优点是不需要修改程序，触摸屏和硬件按钮一起使用，而 MCGS 软件只能用 M 元件。

（2）读取 PLC 时钟数据

按下触摸屏界面的读时钟按钮，将 PLC 内部时钟 D8013～D8019 的数据读取到 D3～D9 中，按下复位按钮，D3～D9 里面的数据清零。

（3）设置 PLC 时钟数据

将当前正确时间数据输入到 D3～D8 中，然后按下写时钟按钮，将 D3～D8 里面的数据写入 D8013～D8018，改写 PLC 的时钟数据。

2. 课间响铃程序设计

设置一个上午课间响铃程序，具体响铃时间见表 10-1，每次响铃持续 10s，周末为休息时间，周六、周日不响铃。

表 10-1　上课响铃时间控制表

课程节次	响铃时刻	持续时间 /s
第一节上课	8 点 0 分 0 秒	10
第一节下课	8 点 45 分 0 秒	10
第二节上课	8 点 55 分 0 秒	10
第二节下课	9 点 40 分 0 秒	10
第三节上课	9 点 50 分 0 秒	10
第三节下课	10 点 35 分 0 秒	10
第四节上课	10 点 45 分 0 秒	10
第四节下课	11 点 30 分 0 秒	10

3. 整点报时程序设计

编写整点报时程序，时间到整点时，通过蜂鸣器响声数代表时钟点数，1 点整响 1 声，2 点整响 2 声，以此类推，11 点整响 11 声，每一声鸣响，蜂鸣器鸣响时间持续 2s，停 3s。

项目实施

10.1　触摸屏读写 PLC 时钟程序设计

1. PLC 时钟寄存器

PLC 内部的特殊寄存器 D8013～D8019 为专用的时钟寄存器（见表 10-2），D8019 星期的数据由输入的日期直接决定，不能改写。

表 10-2　PLC 内部时钟相关的特殊寄存器

编号	名称	设定值的范围	动作功能
D8013	秒	0～59	用于写入校正时的初始值，或者读出当前时间 • D8018（年）可以切换到公历 4 位数模式 此外，显示公历 4 位数时，只能显示 1980—2079 年 • 时钟精度：±45 秒 / 月（25℃时） • 闰年修正：有
D8014	分	0～59	
D8015	时	0～23	
D8016	日	1～31	
D8017	月	1～12	
D8018	年	00～99（公历后 2 位数）	
D8019	星期	0～6（对应周日～周六）	

可编程控制器通常在公历后 2 位数的模式下运行。例如显示年的数据时，2022 年只显示 22 年，如果需要将年作为公历 4 位数处理，显示 4 位数的年时，需增加图 10-2 所示程序。

图 10-2　显示 4 位数年的程序处理

1）可编程控制器运行后，执行下述指令，对 D8018（年）传送 K2000，就可以切换为 4 位数模式。

2）每次开机运行都需要执行这个程序。此外，传送了 K2000 也仅仅是将显示内容变为公历 4 位数，对当前日期没有影响。

2. 控制程序编写与调试

利用 TRD、TWR 时钟读写指令，编写触摸屏读写 PLC 内部时钟的程序，实现利用触摸屏随时更改 PLC 内部时钟，并将时钟数据实时显示在触摸屏上。

10.2　课间响铃程序设计

1. I/O 分配

程序由内部时钟控制，无外围输入元件，由 Y0 控制电铃输出。

2. 程序编制与调试

（1）时钟设置环节

编制图 10-3 所示时钟设置与校正程序，以便通过触摸屏随时改变 PLC 时钟。

图 10-3　上课响铃程序时钟设置和校正程序

（2）时钟响铃时间控制

图 10-4 所示为时钟响铃时间控制程序，用触点比较指令控制 M0 的输出，例如 8 点 0 分 0 秒到 8 点 0 分 10 秒，第一行程序 D8015=8，D8014=0，D8013<10，3 个比较触点在这 10 秒内都为 ON，M0 有输出，通过 M0 的输出控制电铃响 10s。

（3）周末不启动响铃控制程序设计

图 10-5 所示为周末不响铃控制参考程序，周六 D8019=6，周日 D8019=0，两个触点比较

指令并联后取反得到 M1 的输出，M1 用于周末不响铃控制，周一～周五 M1 有输出，正常控制响铃；周末 M1 断开，电铃不响。

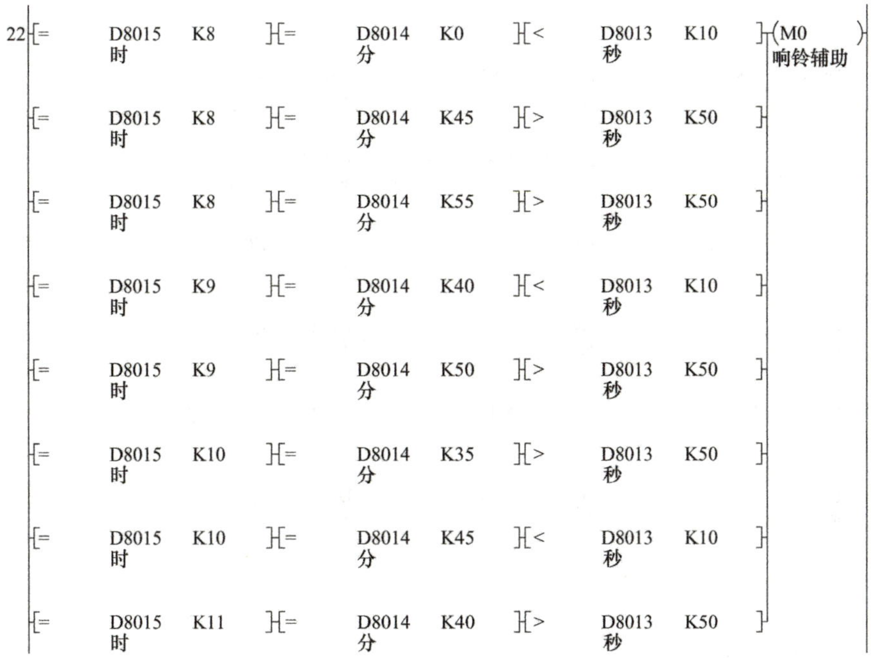

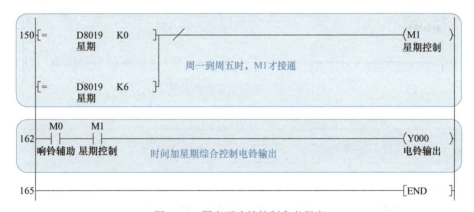

图 10-4　时钟响铃时间控制程序

图 10-5　周末不响铃控制参考程序

思考： 如果不用 INV 取反指令，还有什么方法能控制 M1 的输出？

（4）定时器 T 控制响铃时间的程序设计

如图 10-6 所示程序，由触点比较指令控制响铃启动信号 M0，例如早上 8 时 0 分 0 秒，第一行程序三个触点比较指令都为 ON，这 1s 内 M0 有输出，在此 M0 只作为启动信号启动 Y0 输出响铃，而响铃时间则由 T0 定时时间控制。响铃控制输出程序如图 10-7 所示。

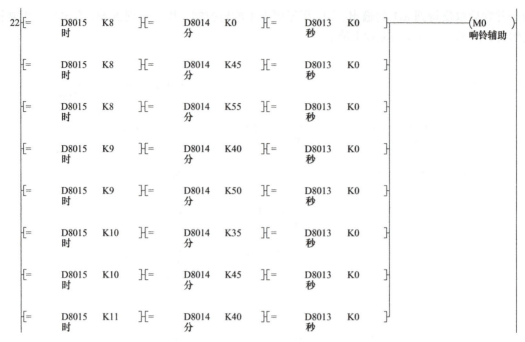

图 10-6　定时器 T 控制响铃时间的程序设计

图 10-7　响铃控制输出程序

10.3　整点报时程序设计

1. I/O 分配

程序由内部时钟控制，无外围输入元件，由 Y0 控制电铃输出。

2. 程序编制与调试

（1）启停控制环节

图 10-8 所示为整点报时启停控制参考程序，M0 为运行标志，M0 为 ON 时报时正常运行；M1 为启动蜂鸣器报时标志，当时间为整点时（D8013、D8014 都等于 0）启动报时，报时结束复位 M1。

（2）报时输出环节

图 10-9 所示为报时输出控制参考程序，由两个定时器 T0、T1 控制 Y0 按照输出 2s、停 3s 的规律输出。

项目 10　PLC 时钟控制系统设计与调试

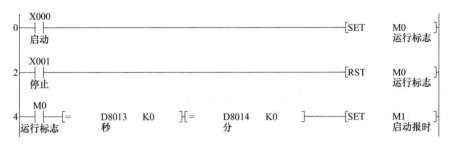

图 10-8　整点报时启停控制参考程序

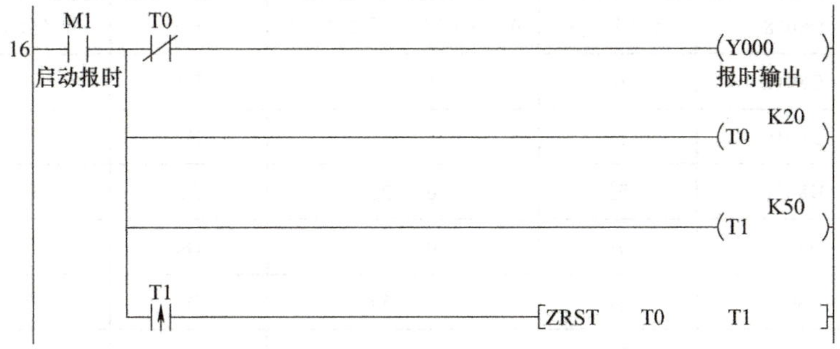

图 10-9　报时输出控制参考程序

> **练一练**：修改上面的定时程序，用一个定时器软元件，利用其当前值和触点比较指令实现 Y0 输出 2s、停 3s 的控制程序。

（3）计数器控制报时停止程序

图 10-10 所示为报时停止程序，特殊数据寄存器 D8015 存储了时钟整点数据，C0 计数器计数值调用此数据。Y0 每输出一次，计数器 C0 当前值加 1，当计数数值等于 D8015 里面的数值时，代表蜂鸣器输出的响声数已等于整点数值，C0 常开触点接通，复位 M1，清除报时标志，停止报时，同时复位 C0。

图 10-10　计数器控制报时停止程序

相关知识

10.4　TRD 时钟读取指令

图 10-11 所示为时钟读取指令梯形图。

图 10-11 时钟读取指令梯形图

TRD 指令操作数指定目标数据寄存器 D0，将自动占用 D0～D6 连续 7 个软元件，X0 接通后，将内部时钟数据传送至 D0～D6，见表 10-3。

表 10-3　TRD 指令数据传送对应情况表

软元件	软元件	项目	时钟数据	软元件	项目	
特殊数据寄存器	D8018	年（公历）	0～99（公历后 2 位数）	D0	年（公历）	时钟读取目标数据寄存器
	D8017	月	1～12	D1	月	
	D8016	日	1～31	D2	日	
	D8015	时	0～23	D3	时	
	D8014	分	0～59	D4	分	
	D8013	秒	0～59	D5	秒	
	D8019	星期	0（日）～6（六）	D6	星期	

10.5　写时钟指令 TWR

图 10-12 所示为写时钟指令梯形图。

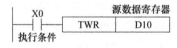

图 10-12　TWR 指令梯形图

TWR 指令指定操作数 D10，在执行条件 X0 接通后，如表 10-4 所示，将 D10 开始的连续 7 个数据寄存器里的预设时钟数据写入专用时间数据寄存器 D8013～D8019，其中 D8019 星期的数据由输入的具体日期决定，不能直接改写。

表 10-4　TWR 指令数据传送对应情况表

软元件	软元件	项目	时钟数据	软元件	项目	
设定时间用的数据	D10	年（公历）	0～99（公历后 2 位数）	D8018	年（公历）	特殊数据寄存器
	D11	月	1～12	D8017	月	
	D12	日	1～31	D8016	日	
	D13	时	0～23	D8015	时	
	D14	分	0～59	D8014	分	
	D15	秒	0～59	D8013	秒	
	D16	星期	0（日）～6（六）	D8019	星期	

10.6 取反指令 INV

INV 指令是将其执行前的运算结果进行反转的指令，无须指定软元件编号。INV 指令可以在与串联触点指令（AND、ANI、ANDP、ANDF）相同的位置编程，不能像指令表上的 LD、LDI、LDP、LDF 那样与母线连接，也不能像 OR、ORI、ORP、ORF 指令那样独立地与触点指令并联使用。

思考：

1) 分析图 10-13 所示程序，Y0 在哪个时间段有输出？

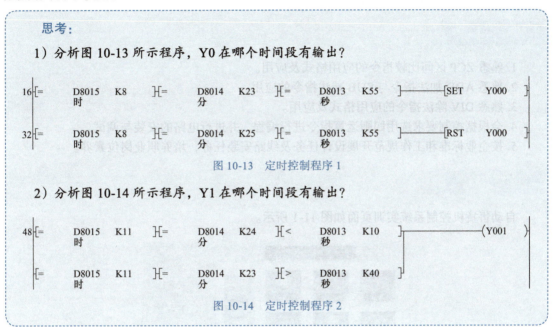

图 10-13 定时控制程序 1

2) 分析图 10-14 所示程序，Y1 在哪个时间段有输出？

图 10-14 定时控制程序 2

项目 11　自动售货机控制系统安装与调试

学习目标

1. 熟悉 ZCP 区间比较指令的应用格式及应用。
2. 熟悉 ADD 加法指令与 SUB 减法指令的应用。
3. 熟悉 DIV 除法指令的应用格式及应用。
4. 会根据控制要求选用四则运算指令进行编程，并进行电路的安装与调试。
5. 按企业标准和工作规范开展设计任务及线路安装任务，培养职业岗位素养。

项目描述

自动售货机控制系统实训页面如图 11-1 所示。

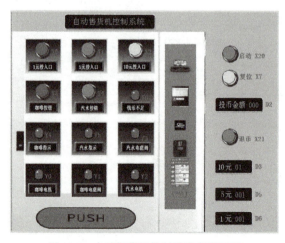

图 11-1　自动售货机控制系统实训页面

控制要求如下。

1）投币过程：共 3 个投币口，分别为 1 元投币口、5 元投币口、10 元投币口。当有钱币投入后，自动计算投币金额并在屏幕上显示。

2）可购物品显示：售货机有咖啡和汽水两种饮料出售，汽水 20 元 / 扎，咖啡 30 元 / 杯，投币金额不足以购买任意一种产品时，指示灯显示投币金额不足；大于或等于汽水售价时，汽水指示灯亮，大于或等于咖啡售价时，咖啡指示灯亮；指示灯亮代表可以购买相应产品。

3）购买过程：投币金额充足的情况下，按下"汽水按钮"，启动"汽水电机"和"汽水电磁阀"，此时闪烁汽水指示灯显示正执行购买汽水，5s 后关闭"汽水电机"，7s 后关闭"汽水电磁阀"，且将投币金额减去汽水购买金额，完成购买过程；购买咖啡流程一样，"咖啡电机"运行 6s，"咖啡电磁阀"运行 8s。

4）退币过程：完成购买后，按下退币按钮，将剩余金额退回后，总金额清零。退币原则：优先退整，先退 10 元币，再退 5 元币，不够 5 元的退 1 元币。退币金额显示在屏幕上，按下复位按钮，所有数据清零。

项目实施

1. I/O 分配

根据项目分析以及控制要求对 I/O 端口进行分配，见表 11-1。

表 11-1 自动售货机控制系统 I/O 分配表

输入端		输出端	
元件	端口编号	元件	端口编号
1 元投币传感器 SQ1	X0	咖啡电机 KA1	Y0
5 元投币传感器 SQ2	X1	咖啡电磁阀 YV1	Y1
10 元投币传感器 SQ2	X2	汽水电机 KA2	Y2
咖啡按钮 SB1	X3	汽水电磁阀 YV2	Y3
汽水按钮 SB2	X4	咖啡指示灯 HL1	Y4
复位按钮 SB3	X7	汽水指示灯 HL2	Y5
启动售货机运行按钮 SB4	X20	钱币不足指示灯 HL3	Y6
退币按钮 SB5	X21	10 元退币金额显示	D3
投币金额显示	D2	5 元退币金额显示	D5
		1 元退币金额显示	D6

2. I/O 接线图

根据自动售货机控制系统要求和表 11-1 的 I/O 分配表，绘制自动售货机的 I/O 接线图。

3. 控制程序编写与调试

（1）启动和投币环节

图 11-2 所示为启动和投币环节参考程序。投币环节必须用脉冲执行型指令，可以用投币传感器的 X 端子脉冲上升沿指令 LDP，也可以在后面的加法应用指令中使用脉冲执行型指令 ADDP。如果不使用脉冲执行型指令，会出现 PLC 每扫描一次数值就加一次的错误加数情况。

程序设计

（2）购买指示灯显示程序

图 11-3 所示为购买指示灯显示程序，利用区间比较指令 ZCP 对投币金额（D2）与 20 ~ 29 数字区间进行比较：D2 小于 20，显示钱币不足；D2 位于 20 ~ 29 这个区间，汽水指示灯点亮，显示可以购买汽水；D2 大于 29，咖啡指示灯和汽水指示灯都点亮，显示可以正常购买汽水和咖啡。汽水和咖啡指示灯在购买过程中会闪烁，显示正处于购买出货状态。

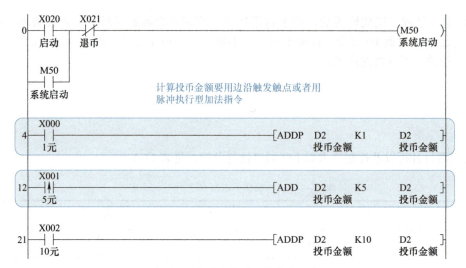

图 11-2　启动和投币环节参考程序

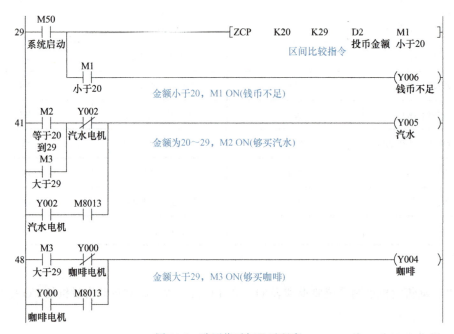

图 11-3　购买指示灯显示程序

（3）购买汽水流程及购买咖啡流程

图 11-4 和图 11-5 所示分别为购买汽水流程和购买咖啡流程参考程序。M2、M3 为区间比较的输出，购买汽水流程中，汽水电机和汽水电磁阀同时打开，汽水电机运行 5s 后断电，断电 2s 后关闭汽水电磁阀。

（4）退币流程

图 11-6 所示为退币流程参考程序，购买完成后，将 D2 里面的投币余额除以 10，D3 里面得到的商即为退 10 元币的张数；被除后的余数存储在 D4 中，再将 D4 里面的余数除以 5，D5 里面得到的商即为退 5 元币的张数；D4 除以 5 以后的余数存储在 D6 中，D6 里面的数值即为退 1 元币的张数。完整程序见二维码内容。

完整程序

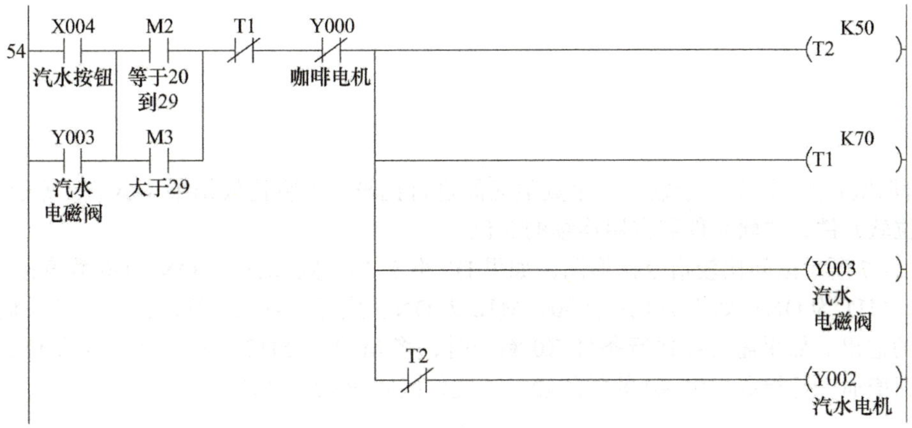

图 11-4 购买汽水流程参考程序

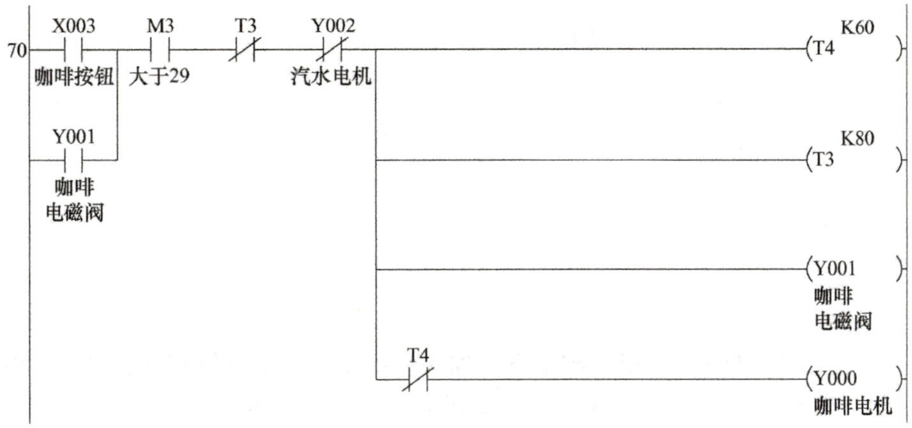

图 11-5 购买咖啡流程参考程序

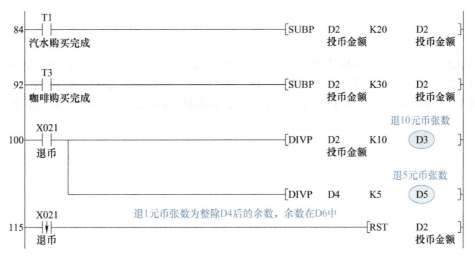

图 11-6 退币流程参考程序

相关知识

11.1 区间比较指令 ZCP

区间比较指令是将一个数与一个数值区间进行比较,并将比较结果(小于、等于、大于)输出到位软元件,位软元件需占用连续的 3 位。

图 11-7 所示区间比较指令梯形图,如果 D0 小于 20,则 M10 为 ON;D0 数值在 20～30 区间内,M11 为 ON;如果 D0 大于 30,M12 为 ON。执行条件 X0 断开,比较结果输出保持为原来的输出。如果需要在执行条件 X0 断开时,将 M10～M12 比较结果输出复位,可以在程序后面增加一行指令,用 X0 的常闭触点,复位区间 M10～M12。

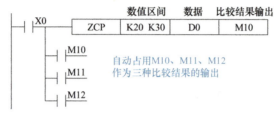

图 11-7 区间比较指令梯形图

11.2 加法指令 ADD 与减法指令 SUB

1. 加法指令 ADD

图 11-8 所示为 ADD 加法指令梯形图。加法指令是将两个数值相加得到运算结果的指令。脉冲执行型加法指令加后缀 "P",为 ADDP;32 位操作方式的加法指令加前缀 "D",为 DADD。

图 11-8 ADD 加法指令梯形图

ADD 指令中,加法运算结果输出目标元件可以是被加数之一,图 11-9 中的 [ADDP   D2   K20   D2],被加数和运算结果输出都是 D2,这种情况一般都需要用脉冲执行型指令,否则就会出现 PLC 每扫描一次,D2 里面的数值就加 20,而不是 X0 接通一次,D2 里面的数值加 20。

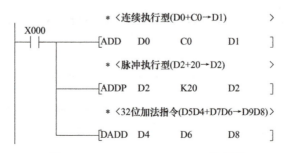

图 11-9 ADD、ADDP、DADD 的应用

32 位指令 DADD 运算如图 11-9 中的 [DADD　D4　D6　D8]，被加数之一标注为 D4，因为是 32 位指令，将自动占用 D5，由 D5、D4 组成一个 32 位的数据，其中 D5 为 32 位数据的高 16 位，D4 为低 16 位，指令中的数据 D6、D8 同理也是 32 位的数据。

2. 减法指令 SUB

图 11-10 所示为 SUB 减法指令梯形图。减法指令是将两个数值进行减法运算并得到输出结果的指令。脉冲执行型减法指令加后缀 "P"，为 SUBP；32 位操作方式的减法指令加前缀 "D"，为 DSUB。

图 11-10　SUB 减法指令梯形图

11.3　乘法指令 MUL 与除法指令 DIV

1. 乘法指令 MUL

MUL 指令是将两个数进行乘法运算并得到输出结果的指令。脉冲执行型乘法指令加后缀 "P"，为 MULP；32 位操作方式的乘法指令加前缀 "D"，为 DMUL。

图 11-11 所示为 MUL 乘法指令梯形图，16 位乘法运算结果输出的目标操作数，将自动分配 32 位数据，乘法运算输出 D10，实际为 D11、D10 组成的 32 位数据。

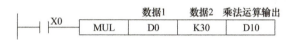

图 11-11　MUL 乘法指令梯形图

2. 除法指令 DIV

DIV 指令是将两个数进行除法运算并得到输出结果的指令。脉冲执行型除法指令加后缀 "P"，为 DIVP；32 位操作方式的除法指令加前缀 "D"，为 DDIV。

除法运算会自动分配目标操作数地址号 +1 的数据寄存器，用于存储除法运算结果的余数。如图 11-12 所示为 DIV 除法指令梯形图，目标操作数标注为 D4，D4 存储运算结果的商，数据寄存器 D5 自动被占用，用于存储运算结果的余数。

例如 D0=8，除法运算指令执行后，D4=2，D5=2。X0 执行条件断开，D4、D5 里面的数据维持不变。

图 11-12　DIV 除法指令梯形图

项目延伸

图 11-13 所示为数字踩雷游戏实训界面，设计数字踩雷游戏的程序，完成数字踩雷游戏的控制功能，具体控制要求如下。

1）编写程序，在 0～100 内产生一个随机数，按下开始按钮后，将这个随机数送入 D10

作为地雷编号。A、B 两组选手轮流输入数值，当某选手输入的数值等于地雷编号时，地雷爆炸，判定该选手游戏失败。

2）当输入的数值小于地雷编号时，自动将当前值作为雷区下限值；当输入的数值大于地雷编号时，自动将当前值作为雷区上限值。当输入的数值不在雷区上、下限区间时，违规报警灯闪烁，判定该选手失败，游戏结束。

3）每次按下开始按钮时，重新将另一随机数作为地雷编号，进行新一轮游戏。编程设定轮流试雷，同一组选手不能连续试雷。选手触雷后，输出相应指示灯判定该选手失败，触雷报警灯闪烁，游戏结束。

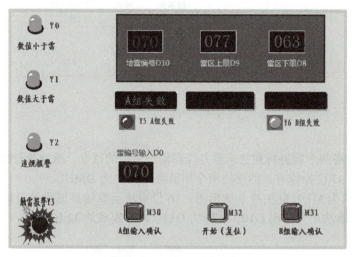

图 11-13　数字踩雷游戏实训界面

项目 12　四层电梯控制系统安装与调试

学习目标

1. 掌握 PLC 控制系统设计的原则和步骤。
2. 掌握 PLC 选型的原则。
3. 掌握逻辑控制设计方法。
4. 按企业标准和工作规范开展设计任务及线路安装任务，培养职业岗位素养；养成规范操作意识和严谨细致的工作习惯。

项目描述

四层电梯控制系统实训页面如图 12-1 所示。

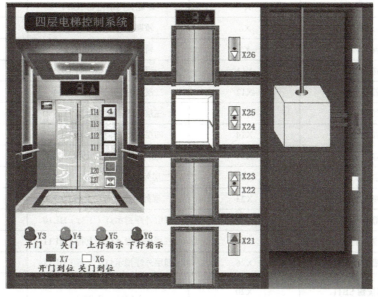

功能演示

图 12-1　四层电梯控制系统实训页面

控制要求如下。

1）电梯采用轿厢内外按钮选层，平层用行程开关，电梯运行方向由呼叫信号决定，顺向时优先执行。

2）电梯接收并登记当前所在楼层以外的所有呼叫信号，包括轿厢内楼层选择信号和电梯外部上、下行呼叫信号。内外呼叫后都有相应指示灯显示该呼叫信号，具有记忆保持功能，轿厢到达呼叫楼层后指示灯熄灭，解除呼叫信号。

3）系统具有运行方向指示、楼层显示、手动和自动延时开关门功能。开门及关门的延时可以通过屏幕上的数据寄存器输入调节。

4）系统具有同向截车功能。电梯在去往目标楼层过程中，遇电梯当前位置与目标楼层间的呼梯信号，则先响应该信号，例如：若系统响应四层上行呼叫过程中遇三层上行呼叫，则先响应三层的上行呼叫。

5）电梯同时接收到多个呼叫信号时，采用先呼叫先执行方案，首个呼叫信号确定电梯运行方向，同向的呼叫信号优先执行，一个方向全部任务执行完成后再进行换向运行，换向采用最远站换向原则。

项目实施

1. I/O 分配

根据控制要求对 I/O 端口进行分配，见表 12-1。

表 12-1 四层电梯控制 I/O 分配表

输入端		输出端	
元件	端口编号	元件	端口编号
一层到位传感器 SQ1	X1	控制轿厢下行继电器 KM1	Y0
二层到位传感器 SQ2	X2	控制轿厢上行继电器 KM2	Y1
三层到位传感器 SQ3	X3	轿厢开门继电器 KM3	Y3
四层到位传感器 SQ4	X4	轿厢关门继电器 KM4	Y4
关门到位传感器 SQ5	X6	轿厢上行指示灯 HL1	Y5
开门到位传感器 SQ6	X7	轿厢下行指示灯 HL2	Y6
内呼一层按钮 SB1	X11	一层内呼登记指示灯 HL3	Y11
内呼二层按钮 SB2	X12	二层内呼登记指示灯 HL4	Y12
内呼三层按钮 SB3	X13	三层内呼登记指示灯 HL5	Y13
内呼四层按钮 SB4	X14	四层内呼登记指示灯 HL6	Y14
一层外呼按钮上行 SB5	X21	一层外呼指示灯（上行）HL7	Y21
二层外呼按钮下行 SB6	X22	二层外呼指示灯（下行）HL8	Y22
二层外呼按钮上行 SB7	X23	二层外呼指示灯（上行）HL9	Y23
三层外呼按钮下行 SB8	X24	三层外呼指示灯（下行）HL10	Y24
三层外呼按钮上行 SB9	X25	三层外呼指示灯（上行）HL11	Y25
四层外呼按钮下行 SB10	X26	四层外呼指示灯（下行）HL12	Y26
轿厢内开门按钮 SB11	X20	楼层七段数码显示 LED1～LDE7	Y30～Y36
轿厢内关门按钮 SB12	X27		

2. I/O 接线图

根据四层电梯控制要求和表 12-1 的 I/O 分配表，绘制四层电梯控制系统的 I/O 接线图。

3. 控制程序编写与调试

（1）轿厢所在楼层信号的产生与消除

图 12-2 所示为轿厢所在楼层信号产生与消除参考程序，X1～X4 连接电梯轿厢一层至四

层的平层限位开关,当轿厢在一层时,一层平层信号 X1 为 ON,其他平层限位开关为 OFF,X1 启动 M501 接通并自锁,直到到达其他楼层后,X2～X4 其中一个楼层限位开关接通,M501 断开。

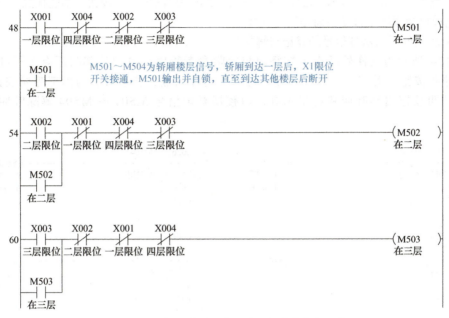

图 12-2　轿厢所在楼层信号产生与消除参考程序

M501～M504 当中某一个 M 元件为 ON,表示轿厢目前处于这一层,例如 M504 接通,代表轿厢目前处于四层。M501～M504 辅助继电器为断电保持型,电梯控制系统突然停电后再次通电运行时,M501～M504 能记忆断电前状态,记住断电前轿厢所在楼层。

(2) 轿厢内呼指示灯信号的登记与解除

图 12-3 所示轿厢内呼指示灯登记与解除参考程序,X11 为轿厢内一层选择内呼按钮,Y11

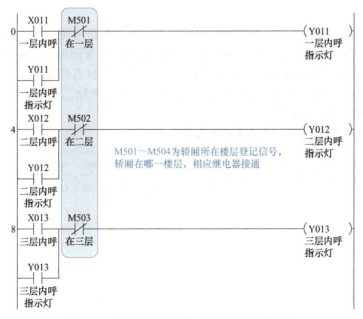

图 12-3　轿厢内呼指示灯登记与解除参考程序

为一层选择登记指示灯，按下一层选择按钮，X11 接通，Y11 接通并自锁，点亮一层内呼指示灯登记一层内部呼叫，当轿厢从其他楼层下行至一层时，M501 辅助继电器接通，M501 常闭触点断开，解除一层内部呼叫登记。

当轿厢处于一层时，M501 常闭触点断开，按下一层内部呼叫按钮，不能接通一层内呼指示灯，电梯控制系统不接受当前楼层呼叫登记。

（3）轿厢外呼指示灯信号的登记与解除

图 12-4 所示为电梯外呼指示灯登记与解除参考程序，电梯外部门厅有上行呼叫按钮和下行呼叫按钮，对应有上行呼叫登记灯和下行呼叫登记指示灯，与内部呼叫登记一样，也是由呼叫按钮启动呼叫登记指示灯，由楼层登记信号 M501～M504 解除呼叫登记指示灯。

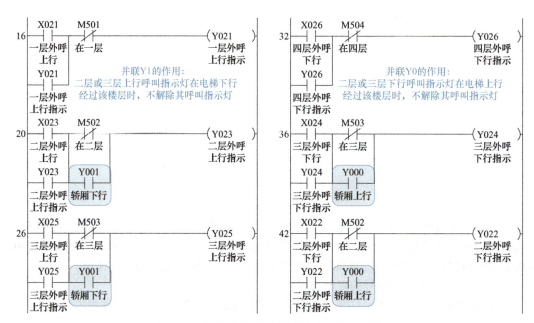

图 12-4　轿厢外呼指示灯登记与解除参考程序

例如，在二层上行呼叫时，如果轿厢下行过程中未达到最远换向站、经过二层并继续下行时，此时并不解除二层上行呼叫登记指示灯，可以在 M502 常闭触点旁并联下行控制 Y1 的常开触点，下行到达二层，M502 常闭触点断开，Y1 的常开触点可以维持二层上行呼叫登记指示灯 Y23 的输出，当轿厢转换为上行时，M502 便可正常解除二层的上行呼叫指示灯。

（4）轿厢内呼升降决策信号

图 12-5 所示为轿厢内呼升降决策参考程序。

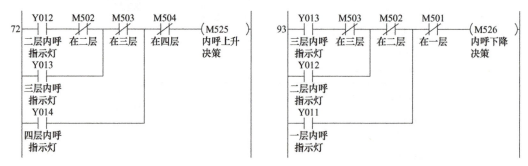

图 12-5　轿厢内呼升降决策参考程序

（5）轿厢外呼升降决策信号

如图 12-6 所示为轿厢外呼升降决策参考程序。

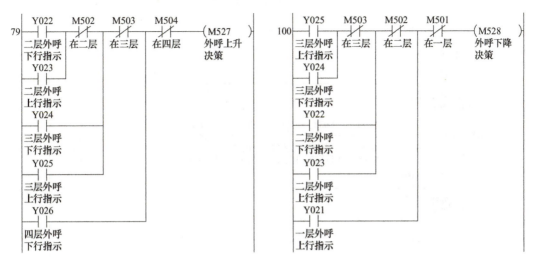

图 12-6　轿厢外呼升降决策参考程序

（6）轿厢升降指示信号

图 12-7 所示为轿厢升降指示参考程序。Y5、Y6 指示电梯上行、下行状态，并且在后面的程序中作为轿厢升降的驱动信号。

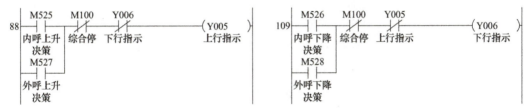

图 12-7　轿厢升降指示参考程序

（7）最远站停机信号产生

图 12-8 所示为最远站停机信号产生参考程序。

（8）同向截停停机信号产生

图 12-9 所示为同向截停停机信号产生参考程序。

（9）内呼到站停机信号产生

图 12-10 所示为内呼到站停机信号产生参考程序。如图 12-11 所示，所有停机信号综合输出 M100 作为停机控制信号，用于后续程序中的轿厢升降停机控制，以及自动开门控制。

（10）同层外呼开门信号产生

图 12-12 所示为同层外呼开门信号产生参考程序，当电梯轿厢在三层处于停止状态时，按下三层电梯门厅上行或者下行呼叫按钮，此时需要输出开门信号，控制电梯开门。

图 12-13 所示为电梯综合开门参考程序，轿厢综合停机信号 M100 和同层外呼开门信号 M111 控制电梯自动开门，X20 控制电梯手动开门，开门到位后，自动停止。

（11）电梯关门参考程序

图 12-14 所示为电梯关门参考程序，电梯开门到位后，启动定时器 T6 进行关门延时计时，定时时间由数据寄存器 D9 输入框的数值给定，T6 时间到，启动电梯关门，也可以由 X27 控制手动关门，关门到位自动停止。

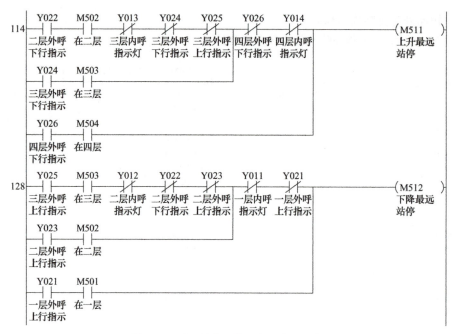

图 12-8 最远站停机信号产生参考程序

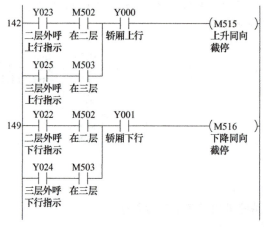

图 12-9 同向截停停机信号产生参考程序

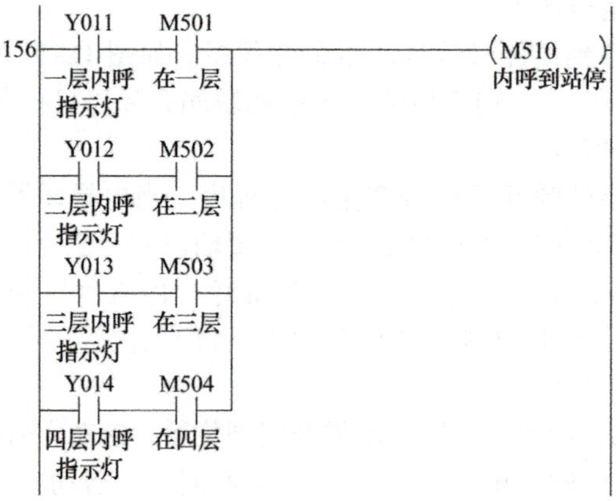

图 12-10 内呼到站停机信号产生参考程序

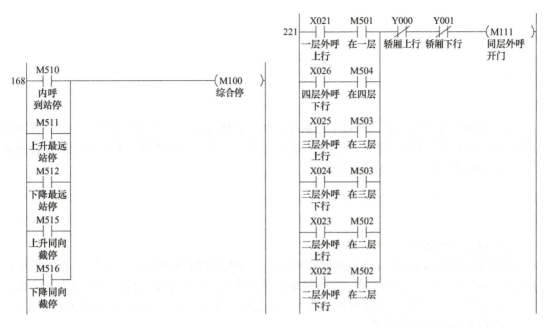

图 12-11　轿厢综合停机信号产生参考程序　　图 12-12　同层外呼开门信号产生参考程序

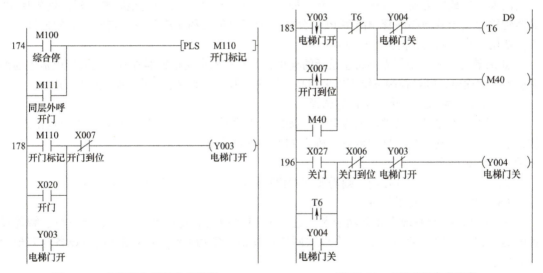

图 12-13　电梯综合开门参考程序　　图 12-14　电梯关门参考程序

（12）轿厢升降执行控制参考程序

图 12-15 所示为轿厢升降执行控制参考程序。四层电梯控制完整程序见二维码内容。

图 12-15　轿厢升降执行控制参考程序

最后进行外部接线及联机调试，见二维码内容。

相关知识

12.1 PLC 控制系统设计步骤

首先根据工业控制要求，分析工艺流程，确定总体方案，包括控制的基本方式、所需完成的功能、必要的保护和报警等，然后正确选用 PLC，进行合理的硬件系统设计，最后完成程序设计及调试，并编写有关技术文件。

12.2 PLC 的选用

（1）PLC 结构选择

在相同功能和相同输入/输出点数的情况下，整体式 PLC 比模块式 PLC 价格低。模块式 PLC 有功能扩展灵活、维修方便、容易判断故障等优点。如果是单机自动化或机电一体化产品，选用整体式小型 PLC；如果控制系统大，被控设备分散，可以选用大中型 PLC。

（2）PLC 输出方式的选择

继电器输出型 PLC 输出端可以连接不同电压类型、不同电压等级的电源，优点是触点额定电流大，过载能力强，但触点动作慢，如果输出控制信号动作不是很频繁，建议优先使用。晶体管输出型与双向晶闸管输出型 PLC 分别用于直流负载和交流负载，它们开关的速度非常快，常用于步进电机、伺服电机控制。

如果既有伺服控制等需要高速通断的输出，又有控制交流接触器等有一定输出电流但通断频次不高的输出，PLC 控制系统可以采用晶体管输出型主机加继电器输出扩展模块的形式。

（3）I/O 点数及 I/O 接口设备的选择

根据控制系统所需要的输入设备，如按钮、传感器、限位开关等的数量，以及输出设备，如接触器、电磁阀、指示灯的数量，确定 PLC 的 I/O 点数。需要预留 15% 左右的 I/O 点数冗余量，方便后期维护及工艺改进。

如果系统有模拟量的控制，则需要配置模拟量输入/输出的相应通道。

（4）通信联网功能的选择

如果 PLC 控制系统需要联网控制，选择的 PLC 应具有连接其他 PLC、上位机、智能设备的通信接口。FX_{3U} 系列 PLC 没有以太网通信功能，常用 FX_{3U}-485-BD 接口设备与其他设备进行通信。

12.3 硬件系统设计

硬件系统设计是指选择合适的电气控制元件，根据选用的输入/输出设备，合理分配 I/O 点，确定 I/O 端口，依据输入/输出设备和 PLC 的 I/O 端口分配关系，画出 I/O 接线图。

12.4 程序设计及调试

程序设计过程中，编写的程序尽可能清晰，注意程序的层次，讲究模块化、标准化。尽可能使用一些标准的典型功能程序，使程序单元化，这样程序设计起来简单，后期阅读也方便。

程序要先进行模拟调试，用仿真器或者模拟输入信号进行程序的初步调试，观察程序涉及的元件运行情况和输出情况与设计要求是否一致，检验程序是否满足控制要求。程序初步调试完成后，结合安装完毕的硬件系统，进行整个系统的现场联机调试。

12.5 编写有关技术文件

技术文件主要包括技术说明书、使用说明书、电气原理图、接线端子图、电气布置图等，包含整个 PLC 控制系统的设计结果。

项目延伸

图 12-16 所示为智能文件传输系统实训页面，参照四层电梯控制系统程序，设计完成智能文件传输系统的控制程序。具体控制要求如下。

1）文件传输系统设置有四个站点供四名文员使用，每个站点上设置一个文件传输到位的限位开关和一个员工呼叫按钮，文员按下呼叫按钮，文件运输装置运行到该站点并自动停下。

2）Y1 控制传送带正转，带动文件箱右行，Y2 控制传送带反转，带动文件箱左行。

3）文件传输装置在运行阶段不接受新的呼叫。传输装置到站后停留 5s，方便文员取放文件，5s 后进入停止状态，装置只有处于停止状态时才响应呼叫。

4）装置处于停止状态时，停止指示灯亮；处于运行状态时，运行指示灯以 5Hz 的频率闪烁。

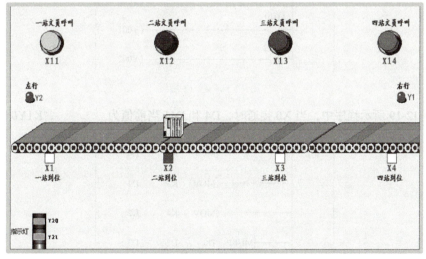

图 12-16　智能文件传输系统实训页面

（模块三习题）

一、填空题

1. 执行 MOV HFFFF D0 后，再执行 MOV D0 K2Y0 指令，Y10 的输出状态为_____。

2. 执行 MOV D10 D20 指令，实现的功能是_____。

3. FX 系列 PLC 中，32 位的数值传送指令是_____。

4. 程序执行指令 MOV H3 K1Y0 后，Y1 输出为_____。

5. FX 系列 PLC 中，32 位脉冲执行型乘法指令是_____。

6. 指令助记符后附的_____表示脉冲执行。

7. FX 系列 PLC 中，32 位加法指令助记符为_____。

8. FX 系列 PLC 中，主控指令助记符为_____。

9. 对应主控指令 MC N1 的主控复位指令是_____。

10. 主控指令可以嵌套，但不能超过_____级。

11. 主控变为 OFF 后，OUT 指令驱动的软元件自动复位，而累计定时器、计数器、用 SET/RST 指令驱动的软元件则_____。

12. 图 12-17 所示程序中，X0 接通时，D0 里面的数据变化情况是_____。

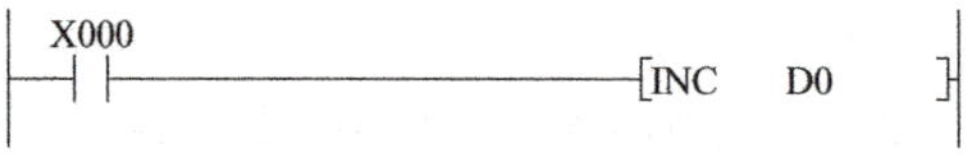

```
X000
─┤├──────────────[INC  D0]
```

图 12-17　题 12 图

13. 图 12-18 所示程序中，当 X0 接通时，D0 当前值为 8，三个 Y 的输出为 ON 的_____。

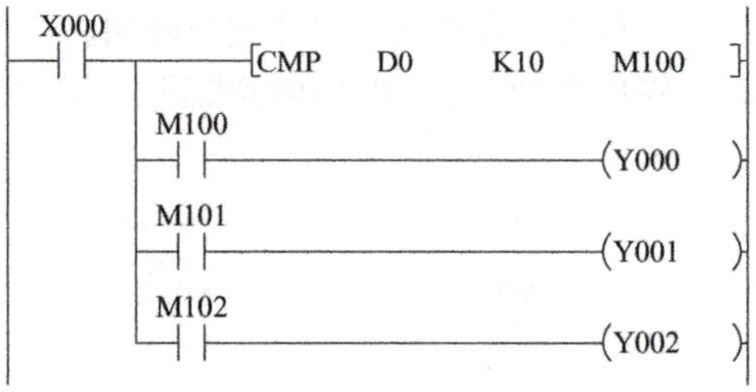

```
X000
─┤├────[CMP  D0  K10  M100]
 M100
─┤├──────────────────(Y000)
 M101
─┤├──────────────────(Y001)
 M102
─┤├──────────────────(Y002)
```

图 12-18　题 13 图

14. 图 12-19 所示程序中，当 X0 接通时，D4 和 D11 当前值为_____，K1Y0=_____。

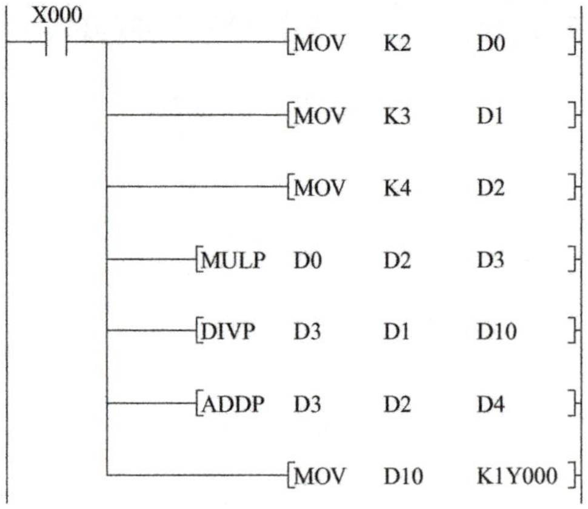

```
X000
─┤├────[MOV   K2   D0]
       [MOV   K3   D1]
       [MOV   K4   D2]
       [MULP  D0   D2   D3]
       [DIVP  D3   D1   D10]
       [ADDP  D3   D2   D4]
       [MOV   D10  K1Y000]
```

图 12-19　题 14 图

二、设计题

1. 用区间比较指令编写程序，在 D4 小于 100 和 D4 大于 2000 时，Y5 输出为 ON。

2. 简述 MOV、MOVP、DMOV 三个指令的相同之处和不同之处。

模块四

PLC 步进顺序控制设计及应用

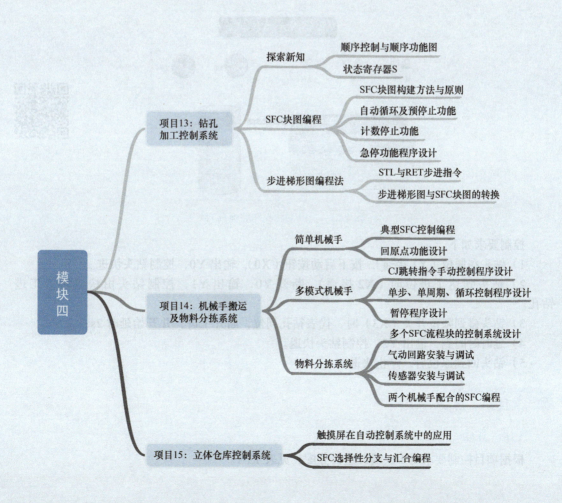

项目 13　钻孔加工控制系统安装与调试

学习目标

1. 掌握状态寄存器 S 的使用。
2. 掌握顺序功能图的绘制方法。
3. 熟悉步进顺控 SFC 的编程规则与方法。
4. 熟悉步进指令 STL 的使用。
5. 按企业标准和工作规范开展设计任务与线路安装任务，培养职业岗位素养。

项目描述

钻孔加工控制实训页面如图 13-1 所示。

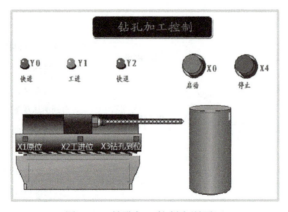

功能演示

图 13-1　钻孔加工控制实训页面

控制要求如下。

1）钻头在原位（X1 接通），按下启动按钮（X0），输出 Y0，控制钻头快进。
2）钻头到达工进位时（X2 接通），断开 Y0，输出 Y1，控制钻头由快进转为工进钻孔。
3）钻头碰到限位开关（X3）时，代表钻孔到位，断开工进，并开始延时 2s；
4）延时时间到，输出 Y2，控制钻头快退。
5）钻头回到原位后，停止快退。

项目实施

1. I/O 分配

根据项目控制要求对 I/O 端口进行分配，见表 13-1。

表 13-1 钻孔加工控制 I/O 分配表

输入端		输出端	
元件	端口编号	元件	端口编号
启动按钮 SB1	X0	钻床快进 KM1	Y0
原位限位开关 SQ1	X1	钻床工进 KM2	Y1
工进位限位开关 SQ2	X2	钻床快退 KM3	Y2
钻孔到位限位开关 SQ3	X3		
停止按钮 SB2	X4		
急停按钮 SB3	X5		

2. I/O 接线图

根据钻孔控制要求和表 13-1 的 I/O 分配表，绘制钻孔加工控制 I/O 接线图。

3. 顺序控制状态转移图

根据钻孔加工控制要求，绘制参考顺序控制状态转移图。

4. 程序的编写与调试

（1）梯形图块程序的编写

SFC 程序块 CPU 只执行活动步对应的电路块，需要每个扫描周期都执行的程序段不能放在 SFC 程序区内，需要设计在梯形图块部分，例如急停程序，必须在梯形图块内。另外，梯形图块必须设计初始步激活程序。在 SFC 程序结构中，梯形图块常用功能如下。

1）激活初始步。
2）预停止功能设置。
3）复位数据寄存器、计数器等功能。
4）急停功能设置。

如图 13-2 所示为梯形图块常用的功能程序。

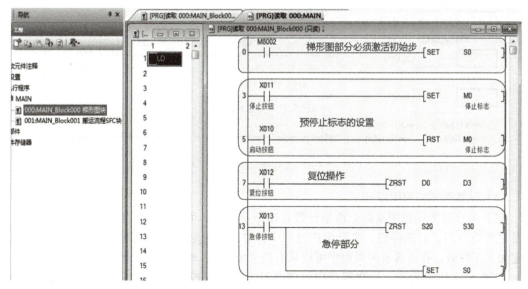

图 13-2 梯形图块常用的功能程序

（2）初始步程序

初始步为流程起始位置，一般对应设备停机等待启动状态，停止或者急停时，一般都是复位其他步，返回初始步。初始步程序可以没有执行内容，一般设置为复位其他步，并且复位控制系统中机械运动部件的输出，确保系统处于停止状态，如图 13-3 所示。

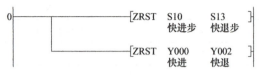

图 13-3　初始步 S0 程序

（3）自动循环及预停止功能的设计

自动循环设计：自动控制系统应能多次重复执行同一工艺过程，因此在顺序功能图中一般应有由步和有向连线组成的闭环循环。如图 13-4 所示，可以在流程结束最后一步 S13 处设置分支转移条件，系统需要停止时程序跳转至 S0 初始步停止，需要循环操作时程序跳转至 S10 步继续循环操作。

预停止功能：按下停止按钮后，只标记停止状态，等程序完成最后一步工序，再返回 S0 步停止。

如图 13-4 所示的预停止功能程序设计，在梯形图块部分设计停止标记 M0，由停止标记 M0 控制顺控流程结束后步的转移。如果按下了停止按钮，M0 置 1，控制转移至 S0 步停止；没有按下停止按钮，M0 为 OFF，控制转移至 S10 步，继续循环进行钻孔加工。

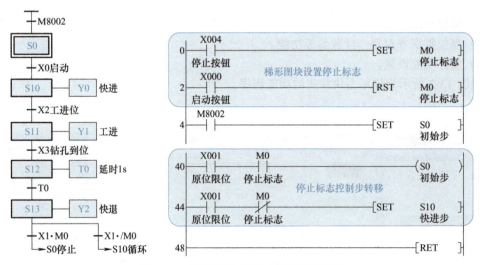

图 13-4　自动循环与预停止功能程序设计

（4）计数循环的程序设计

在上面自动循环程序基础上增加计数自动停止功能，可以对加工工件数量进行设定，完成设定的数量后，自动停机。实际生产过程中，可以通过触摸屏人机界面数据寄存器输入框设定加工工件数，在仿真系统页面中可以从右侧菜单栏 D0 输入框设定加工工件数。

如图 13-5 所示程序，计数器可以设置在钻孔加工完成返回步 S13，当输出 Y2 快退时，对 C0 计数器做计数操作，由计数器 C0 触点控制整个加工流程结束的转移，如未达到加工工件数，C0 常闭触点接通，控制转移至 S10 继续加工，如果已完成设定的加工工件数，C0 常开触点接通，程序转移至 S0 步停止。

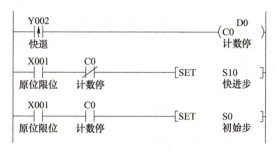

图 13-5 计数及计数器控制转移程序

图 13-5 所示程序，计数器 C0 直接控制转移，实际上也可以由计数器控制停止标志，再由停止标志控制步的转移。如图 13-6 所示计数停止程序，当计数达到设定值时，计数器 C0 置位停止标志 M0，由停止标志 M0 控制转移至初始步停止，这种计数停止程序更为清晰简便。

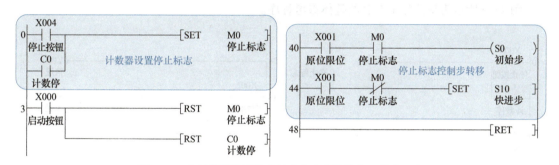

图 13-6 由计数器设置停止标志方法来计数停止参考程序

计数器的复位：程序中一定要设置计数器的复位，以方便下次计数加工。可以在回到初始步后自动复位 C0（图 13-7a），也可以由启动按钮复位 C0（图 13-7b）。

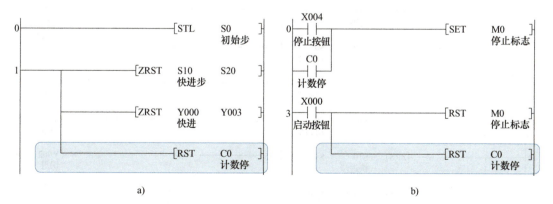

图 13-7 计数器的复位程序
a）回初始步设置 b）启动按钮设置

（5）急停功能的程序设计

出现紧急情况时，可按下急停开关立即停止各输出，处于停止状态。一般控制系统都需要设计急停程序。

急停要求控制系统能立即响应，不能在步进程序区间。步进程序区间只有在该步激活状态下才响应，急停程序应设计在每次扫描都执行的梯形图块，否则影响急停功能。

如图 13-8 所示急停程序，程序设置在梯形图块，急停部分一般需复位其他步，停止各步进流程；复位控制各运动部件 Y 的输出，确保机械处于停止状态。另外，还需要激活初始步，以方便控制系统下次再次启动运行，若急停后没有激活初始步，将使得整个顺控流程没有活动步，程序无法进入顺控流程。

图 13-8　急停程序

（6）钻孔加工控制整体参考程序

图 13-9 所示为钻孔加工控制的整体参考程序。

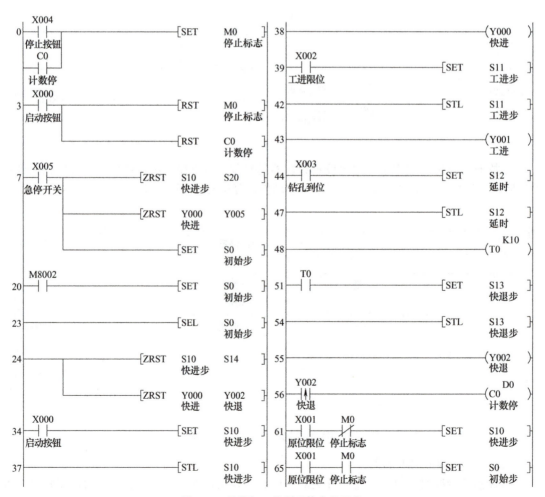

图 13-9　钻孔加工控制整体参考程序

相关知识

13.1 顺序控制与顺序功能图

顺序控制，就是按照生产工艺预先规定的顺序，在各个输入信号的作用下，根据内部状态和时间的顺序，生产过程的各个执行机构自动有序地进行动作。

顺序控制的基本思路：把一个工作周期内的控制任务划分为若干个时间连续、顺序相连的工作段，在某一个工作段，只需要关心该工作段完成什么控制任务和什么条件下转移到下一个工作段，这样可以使较复杂的控制系统简单化，程序易于编写和阅读。在工业控制系统中，顺序控制应用非常广泛。

顺序功能图（Sequential Function Chart，SFC）又称为状态转移图或功能图表，它是描述控制系统控制流程、功能和特性的一种图形语言。用顺序控制设计法时首先根据系统的工艺过程，画出顺序功能图，然后根据顺序功能图编制 PLC 顺序控制程序。GX Works2 为 SFC 程序开发了 SFC 块图编辑功能，使用非常方便。

1. SFC 的组成

这里以钻孔加工控制的顺序功能图为例，介绍顺序功能图的组成。

（1）步（状态）

顺序控制设计法最基本的思想是将系统的一个工作周期划分为若干个顺序相连的阶段，如图 13-10 所示 S0、S10～S13，这些阶段称为步，一般用编程元件 S 来代表。

（2）初始步（初始状态）

与系统的初始状态对应的步称为初始步，用双线方框表示。初始状态一般是系统等待启动时相对静止的状态，一般执行一些复位动作，例如复位其他步、复位 Y 输出、复位计数器等。初始步可以没有执行动作，但初始步必不可少，每一个功能图至少有一个初始步。顺控流程开始运行时，必须将初始步激活。

（3）活动步（活动状态）

当顺控系统进入某一阶段流程时，对应该流程的所在步处于活动状态，称该步为活动步。步处于活动状态时，对应的输出动作才执行，处于不活动状态时，对应输出不执行。如图 13-11 所示，只有 S10 步处于活动状态，Y0 有输出，所以执行快进动作，其余 Y1、Y2、T0 的输出没有处于活动状态，所以不执行输出。

整个顺控流程至少有一个活动步，初始步一般由开机脉冲 M8002 激活成为活动步。

（4）有向连线

将顺控流程各步用有向线连接起来，表征各步成为活动步的先后顺序。连线方向按照从上到下、从左到右的原则。如果不是上述方向，则需要在连线上加箭头注明方向，如图 13-12 所示。

（5）转换及转换条件

转换图标：转换用与有向连线垂直的短画线来表示，将相邻的两个步分开。

转换条件：转换条件是使系统从当前步进入下一步的条件。常见的转换条件有按钮、行程开关、定时器和计数器的触点，可以是单个元件，也可以是几个软元件的逻辑组合，比如 X1 和 X2 串联、X3 和 M4 并联，或者其他更复杂的逻辑组合。

（6）激活为活动步的条件

成为活动步的条件一是该步前一级为活动步；二是与前级相连的转换条件成立。

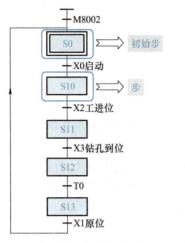

图 13-10 步与初始步

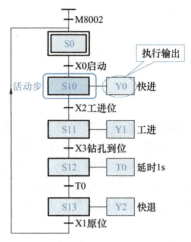

图 13-11 活动步与活动步的输出

如图 13-13 所示，S11 步激活的条件是上一步 S10 为活动步，且相连的转换条件 X2 接通，这两个条件满足则激活 S11 步，同时前一级 S10 步会自动复位。

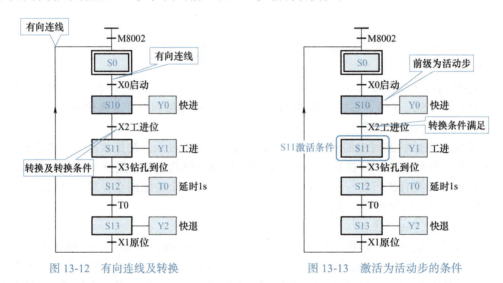

图 13-12 有向连线及转换　　　　　　　　图 13-13 激活为活动步的条件

初始步必须用初始条件预先激活，一般用 M8002 开机脉冲激活。

2. SFC 绘制规则

1）步与步不能直接相连，必须用转换分开。

2）转换与转换不能直接相连，中间必须间隔有步。

3）一个顺序功能图至少有一个初始步，运行过程中至少有一个活动步。

4）自动控制系统应能多次重复执行同一工艺过程，因此在顺序功能图中一般应有由步和有向连线组成的闭环。

13.2　状态寄存器

状态寄存器 S 是对工序步进形式的控制进行简易编程所需的重要软元件，主要用于顺控状态的描述和初始化。状态寄存器编址区域标号为 S，采用十进制编址并从 S0 开始。有很多对常开和常闭触点，也可以作为辅助继电器使用，表 13-2 为三菱 FX_{3U} 状态寄存器。

表 13-2　三菱 FX$_{3U}$ 状态寄存器

类别	元件编号	点数	用途及特点
初始状态	S0～S9	10	初始状态专用
返回状态	S10～S19	10	在多运行模式控制当中，用作返回原点的状态，也可以作通用状态继电器用
通用状态	S20～S499	480	作顺控的普通中间状态用
停电保持	S500～S899	400	具有停电保持功能，停电恢复后保持原来的状态（可修改为普通状态继电器）
信号报警用	S900～S999	100	用作报警元件
停电保持专用	S1000～S4095	3096	停电保持的特性可以通过参数进行变更

当可编程控制器的电源断开后，一般状态寄存器都复位为 OFF，在控制功能中，停电后想要从停电前的状态开始运行时，就需要使用停电保持状态寄存器。

状态寄存器与辅助继电器相同，有很多常开触点、常闭触点，可以在顺控程序中随意使用。而且不用于步进梯形图指令的时候，状态寄存器 S 也和辅助继电器（M）相同，可以在一般的程序中使用。

停电保持用状态寄存器，即使在可编程控制器的运行过程中断开电源，也能记住停电之前的 ON/OFF 状态，并且再次运行时可以从停电中断的工序重新开始运行。

13.3　SFC 块图编程

1. SFC 块图程序编制

新建工程时，程序语言选择 SFC，在弹出的块信息设置窗口设置 0 号块信息。0 号块设置为梯形图块，确认后进入梯形图块编辑界面，如图 13-14 所示。

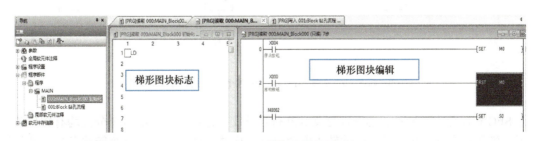

图 13-14　SFC 程序梯形图块编辑界面

梯形图块编辑完成后，可以右击 MAIN，打开"SFC 块列表"，双击 1 号块，设置为 SFC 块，进入 SFC 块图编辑界面，如图 13-15 所示。

SFC 块图程序由梯形图块和 SFC 块组成，一个 SFC 块图程序可以有多个梯形图块和 SFC 块。梯形图块在 SFC 图块中的位置可以根据程序要求放在 SFC 前后，也可以在两个 SFC 块的中间，一般在程序最前面。

编辑 SFC 块图时，可以先绘制 SFC 块图框架，包括状态框、转移条件、跳转图标等，再逐个图标输入相应内置梯形图，直至完成。SFC 状态之间的跳转只与有向连线及转移条件是否满足有关，与状态框编号以及转移条件编号大小无关，编写程序时，可以使用系统默认编号，以便提高效率。

图 13-15　SFC 程序 SFC 块图编辑界面

2. SFC 块图结构形式

如图 13-16 所示，SFC 程序可以分为四种结构形式：单一顺序、选择顺序、并行顺序和跳转与循环顺序。

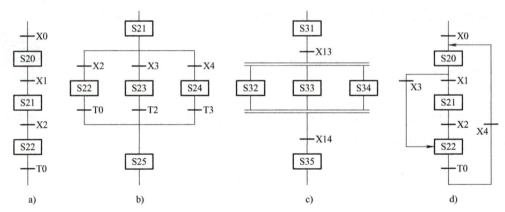

图 13-16　SFC 程序的四种结构形式

a）单一顺序　b）选择顺序　c）并行顺序　d）跳转与循环顺序

SFC 程序分支有两种：选择性分支和并行性分支。选择性分支的每个分支均有转移条件标识，满足哪个分支转移条件，就转入哪个分支。而并行性分支只有一个转移条件，满足转移条件，则所有分支流程均激活。

直接转移到下方的状态以及转移到流程外的状态，称为跳转，也可以向上方状态进行跳转，程序中常用向上状态跳转的方法完成循环操作。

3. 复杂流程设计中的问题

如果设计较复杂的 SFC 块图，如图 13-17 所示，汇合线与分支线直接连接，中间没有状态，转移之间没有间隔步，这种顺控流程在实际编程中是无法完成转换的，可采用增加虚拟步的方法实现编程，如图 13-18 所示。

说明：虚拟步是指没有任何输出动作的中间步。

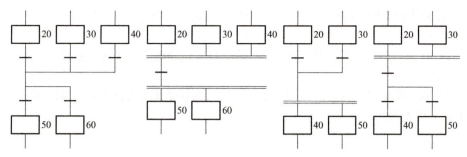

图 13-17 转移之间没有间隔步的错误 SFC 块图

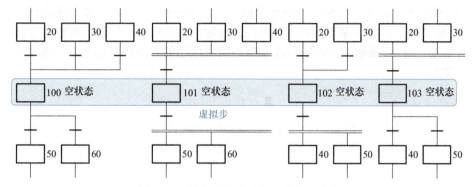

图 13-18 增加虚拟步后的正确 SFC 块图

13.4 步进梯形图编程法

13.4.1 STL 与 RET 步进指令

PLC 有专门用于编制顺序控制程序的步进梯形图编程功能。步进梯形图编程与 SFC 编程可以相互转换。图 13-19 所示为步进梯形图编程法编制的钻孔加工控制程序。

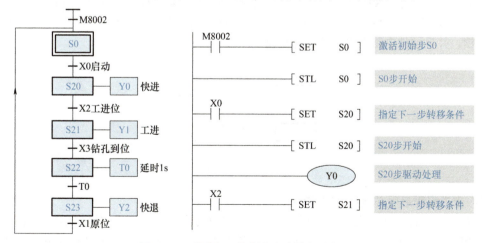

图 13-19 钻孔加工控制的步进梯形图编程

STL 与 RET 是一对步进指令。STL 是步进开始指令，表示每一步的开始；RET 是步进结束指令，是指状态流程结束，用于返回主程序。

STL 指令具有负载驱动处理、指定转移条件和指定转移目标功能。

STL 指令的特点如下。

1）STL 触点断开时，CPU 不执行它驱动的电路块，只执行活动步的内容，在没有并行序列时，常常只有一个活动步，因此，大大缩短了扫描周期。

2）STL 触点只能用于状态寄存器 S，有转移自复位功能，发生状态转移后，上一状态寄存器自动复位。

3）允许双线圈输出。因为只驱动活动步，所以在各个步中可以对同一线圈多次输出，这给编程带来了极大的便利。

13.4.2 步进梯形图编程注意事项

1）从状态中的母线开始一旦写入 LD 或 LDI 指令，就不能再编写不需要触点的指令。

如图 13-20 所示，当执行 STL 驱动输出时，状态中的母线一旦有了条件输出指令（X5 触点驱动 Y2 输出指令），就不能再执行无条件的直接输出驱动处理（直接驱动 Y3），这样会导致程序写入 PLC 后 PLC 报错。可以采用改变驱动输出顺序的方法或者加 M8000 触点的方法对程序进行改正。

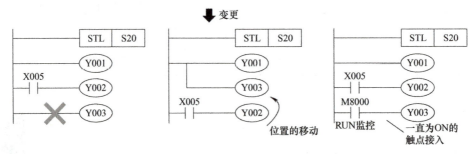

图 13-20 步进编程错误的驱动输出及处理

2）相邻步的联锁程序设计。

在步的活动状态的转移过程中，相邻两步的状态器会同时为 ON 一个扫描周期，相邻步的输出如果不能同时为 ON，程序中需要设置软件联锁。

如图 13-21 所示，S21 转入 S22 步时，转入的扫描周期 S21、S22 同时接通，这样控制正转和反转的 Y1 和 Y2 会在这个扫描周期内同时接通，为避免这种情况，需要在步进梯形图中设置互锁，并且硬件电路中也需要设置互锁。

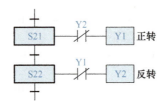

图 13-21 相邻步联锁程序设计

3）步进流程最后必须加 RET 指令。

在步进梯形图步进流程最后一行，必须加上步进返回指令 RET，否则步进梯形图程序变换写入 PLC 后，PLC 的出错指示灯会闪亮。SFC 图块编程变换后会自动加 RET 指令，不需要另行增加。

4）步进编程中驱动处理 OUT 和 SET 指令的区别。

图 13-22 所示为步进编程驱动处理 OUT 指令与 SET 指令的应用区别，多个连续步都需要保持输出的驱动一般用 SET 指令，需要断开时，在相应步用 RST 指令复位该输出。

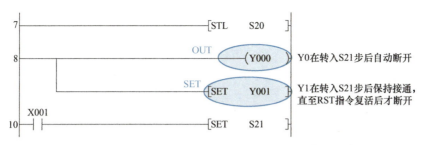

图 13-22 步进编程中驱动处理 OUT 和 SET 指令的区别

5）保证步进程序始终有活动步。

步进流程的执行需要始终有活动步才能进行流程的循环控制。在设计急停程序或者在停止后回到初始步并复位其他活动步时，一定要保证流程中保持有活动步。使用区间复位指令复位其他所有活动步时，一般需要激活初始步。

项目延伸

图 13-23 所示为液料混合控制系统实训页面，编制程序实现以下控制功能。

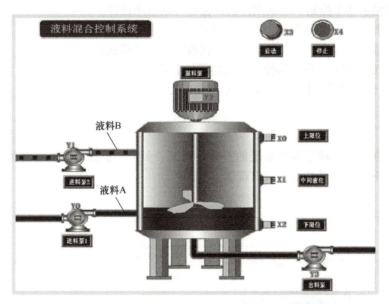

功能演示

图 13-23 液料混合控制系统实训页面

1）进料操作：按下启动按钮，进料泵 1（Y0）接通，液料 A 进入罐体，罐体液位上升；当上升至中间液位时（水位传感器 X1 为 ON），进料泵 1 停止进料，同时启动进料泵 2（Y1），液料 B 进入罐体，罐体液位继续上升；当上升至上限位液位时（X0 为 ON），进料泵 2 停止工作。

2）混合液料操作：进料完成后，启动混料泵（Y2），搅拌混合两种液料，5s 后混料泵停止工作。

3）出料操作：混料完成后，接通出料泵（Y3），罐体出料，液位下降，当降至液位下限位时（X2 为 ON），停止出料泵，出料过程完成。

4）循环运行功能：出料结束自动启动进料流程，并且一直循环，直至按下停止按钮。当按下停止按钮后，系统完成当前出料流程后，进入停止状态。

项目 14　机械手搬运及物料分拣系统安装与调试

学习目标

1. 进一步熟悉 SFC 编程程序结构及设计。
2. 掌握 SFC 编程选择性分支与汇合状态转移图的编程思路。
3. 掌握机械手回原位程序的设计方法。
4. 掌握机械手控制系统的硬件安装与调试。
5. 掌握机械手回原位、手动控制、暂停的程序设计。
6. 掌握 CJ 跳转指令的应用。
7. 掌握机械手单步控制、单周期控制、循环控制程序设计。
8. 掌握多个 SFC 流程块的控制系统程序设计。
9. 熟悉传感器基本知识,掌握各类型传感器的安装与调试。
10. 掌握 YL-235A 物料分拣控制系统的硬件安装与调试。
11. 分工协作完成项目任务,提高团结协作能力。

项目描述

本项目包含简单机械手控制系统的安装与调试、多模式机械手控制系统的安装与调试和 YL-235A 物料分拣控制系统的安装与调试三个任务。

1. 简单机械手控制系统的安装与调试

简单机械手控制系统实训页面如图 14-1 所示。

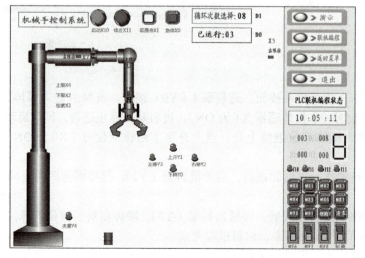

功能演示

图 14-1　简单机械手控制系统实训页面

控制要求如下。

1）按下启动按钮后，机械手将工件从 A 点搬运至 B 点，按下停止按钮后，整个搬运过程完成后回到停止状态。

2）原位启动功能：只有机械手处于原位，即机械手处于上限位（上限位传感器 X4 接通）和左限位（左限位传感器 X7 接通），并且机械爪处于放松状态时，才能启动搬运，否则不能启动运行。

3）急停功能：按下急停按钮后，立即停止所有输出，回到停止状态。

4）计数功能：在屏幕上的数据寄存器框输入搬运工件数（D1），机械手完成搬运任务后（已搬运工件数等于 D1 里面的数值），机械手自动回到停止状态。每搬运一个工件，系统自动计数，并通过屏幕上的数据寄存器 D0 实时显示。

5）回原点功能：当机械手急停在任何一个位置时，按下回原点按钮后，机械手能自动复位至原位状态（上升到位、缩回到位、机械爪放松）。

2. 多模式机械手控制系统的安装与调试

多模式机械手控制系统实训页面如图 14-2 所示。

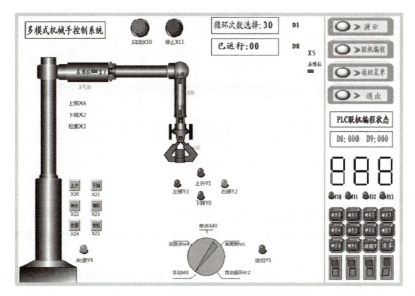

功能演示

图 14-2　多模式机械手控制系统实训页面

控制功能如下。

多模式控制开关如图 14-3 所示。此开关为相互联锁的开关组合，单击开关可以转换档位，切换接通的 M0～M4 这 5 个辅助继电器。转换开关箭头指向某个档位，该档位对应的辅助继电器 M 接通。仿真系统里面的组合开关具有互锁功能，在任何时刻，5 个 M 继电器有且只有一个接通。

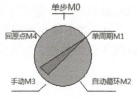

图 14-3　多模式控制开关

1）单步模式 M0：按下启动按钮，搬运流程单步运行，即每按下一次启动按钮，搬运流程往前运行一步。

2）单周期模式 M1：按下启动按钮，完成整个搬运流程后，回到停止状态。

3）自动循环模式 M2：按下启动按钮后，若未设置循环次数，则一直进行循环搬运；按下停止按钮后，完成当前工作流程后停止。如果设置了工件数，达到搬运工件数后自动停止。

4）手动控制模式 M3：6 个手动控制按钮分别控制机械手 6 个搬运动作。手动模式下，按启动按钮不会进入搬运流程,同理,在另外 4 种模式下,也不能进行手动操作。

5)回原点模式 M4:按下启动按钮,机械手自动进行回原位操作,返回原点处于原位状态后自动停止。

3. YL-235A 物料分拣控制系统的安装与调试

光机电一体化物料分拣控制系统实训页面如图 14-4 所示。

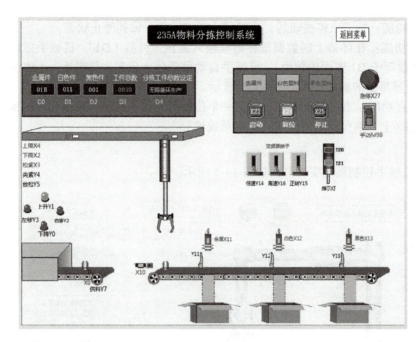

功能演示

图 14-4　物料分拣控制系统实训页面

控制功能如下。

1)共有三种工件需要分类包装,分别为金属件、白色件、黑色件。机械手从供料盘抓取工件后,搬运至分拣传送带进行分拣,不同的工件类型在分拣传送带上运行到位时,相应的传感器会接通。

2)自动供料:系统运行时,供料点检测传感器(X0)检测到没有物料时,启动供料传送带(Y7)供料,工件到位时,传送带停止。

3)分拣传输带来料检测传感器(X10)检测到来料口有物料后,启动传送带运行,分拣传送带运行由变频器输出控制。工件类型检测传感器检测到工件到位时,传送带停止运行,执行推料动作,完成分拣,分拣后对各类工件进行计数。

4)按下停止按钮后,整个分拣完成后才停止。按下复位按钮复位工件计数值。在任何时候按下急停按钮,所有输出立即停止,打开手动控制开关,可以对机械手进行手动操作。

项目实施

14.1　简单机械手控制系统安装与调试

1. I/O 分配

根据控制要求对 I/O 端口进行分配,见表 14-1。

表 14-1　简单机械手控制 I/O 分配表

输入端		输出端	
元件	端口编号	元件	端口编号
急停按钮 SB0	X0	下降电磁阀 YV1	Y0
回原点按钮 SB3	X1	上升电磁阀 YV2	Y1
下限位传感器 SQ1	X2	右移电磁阀 YV3	Y2
松紧限位传感器 SQ2	X3	左移电磁阀 YV4	Y3
上限位传感器 SQ3	X4	夹紧电磁阀 YV5	Y4
右限位传感器 SQ4	X5	放松电磁阀 YV6	Y5
左限位传感器 SQ5	X7		
启动按钮 SB1	X10		
停止按钮 SB2	X11		

2. I/O 接线图

根据机械手控制要求和表 14-1 的 I/O 分配表，绘制机械手 I/O 接线图，如图 14-5 所示。

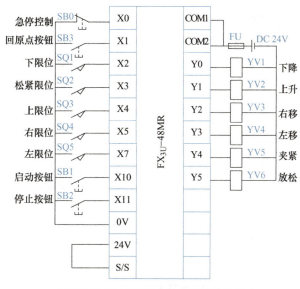

图 14-5　简单机械手控制 I/O 接线图

3. 顺序控制状态转移图

根据机械手控制要求，绘制顺序控制状态转移图，如图 14-6 所示。

急停后或者正常停止后都是回到初始步 S0，S0 步后设置分支流程，正常循环搬运设置为 S20～S27 分支流程，回原点设计为 S10～S12 分支流程。

4. 程序设计与调试

（1）启动与停止环节设计

如图 14-7 所示，在梯形图块部分设置启停环节，M20 作为停止标志控制步的转移。停止按钮按下,置位停止标志 M20;启动按钮按下,复位停止标志 M20。M20 为 ON 时,在完成搬运动作后,跳转至初始步 S0 后处于停机等待状态;M20 为 OFF 时,设计程序在搬运动作完成后返回后跳转至 S20 步,继续进行下一个搬运循环。

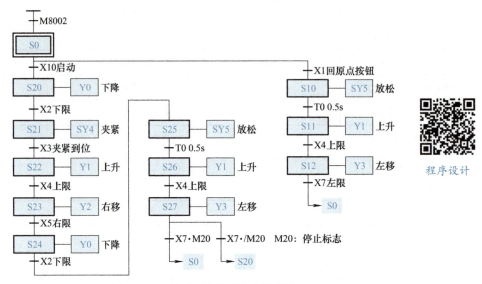

图 14-6 机械手顺序控制状态转移图

图 14-7 启动与停止环节参考程序

（2）初始步处理及选择性分支转移程序设计

如图 14-8 所示为机械手初始步处理及选择性分支转移参考程序。初始步一般对应停止等待状态,初始步程序中,复位其他活动步,复位控制机械手运动部件的所有 Y 输出。初始步后面连接有循环搬运和回原点两个分支流程,由启动按钮和回原位按钮控制选择性分支的转移。

（3）循环搬运流程设计

如图 14-9 所示为机械手循环搬运流程参考程序。对于机械手夹紧这个动作,需要在多个连续步保持 Y4 输出,这里用到了 SET 指令驱动,到放松步需要断开 Y4 时,用复位指令 RST 复位 Y4。

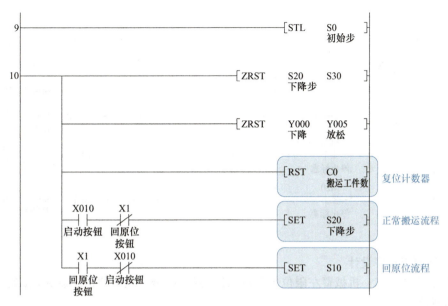

图 14-8 初始步处理及选择性分支转移参考程序

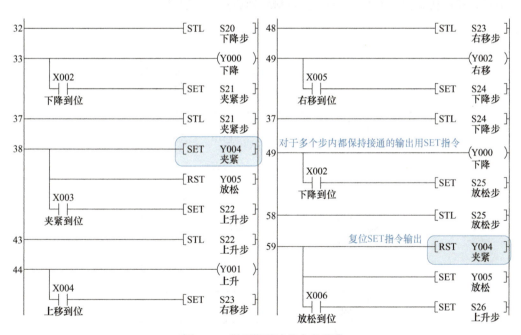

图 14-9 循环搬运流程参考程序

（4）计数显示及搬运流程结束跳转程序设计

如图 14-10 所示为计数显示及搬运流程结束跳转参考程序。当搬运流程结束、机械手左移返回时，对搬运工件进行计数，数据寄存器 D1 可以设定搬运工件数，当前已经完成搬运的工件数在数据寄存器 D0 里进行显示。如果没有按下停止按钮，或者搬运工件数没有达到设定工件数，停止标志 M20 为 OFF，步进顺控流程转移至 S20 步继续循环搬运，如停止标志为 ON，则转移至初始步 S0 停止。

程序设计

图 14-10 计数显示及搬运流程结束跳转参考程序

（5）回原点程序设计

机械手原位状态：机械臂左限位传感器 X7 接通，机械手上限位传感器 X4 接通，机械爪处于放松状态。

回原点动作的执行流程是：机械爪放松→机械手上升→机械臂左移缩回。整个回原点流程完成后，返回初始步。图 14-11 所示为机械手回原点参考程序。

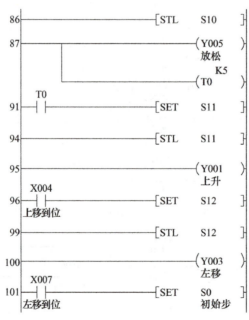

图 14-11 机械手回原点参考程序

5. 硬件电路安装与调试

在仿真系统完成程序调试后，按照硬件接线图，完成 YL-235A 自动分拣设备机械手模块外围部分电路的安装接线，并完成程序的调试与运行。

YL-235A 设备机械手比仿真系统机械手多了旋转气缸的动作，请自行完善步进顺控流程控制动作，完成程序调试。

项目延伸

1)正常生产时,需要机械手处于初始位置,即处于上升到位、机械手缩回到位、机械手夹持装置放松状态时,按下启动按钮才可以启动运行,修改原有程序实现此功能。

2)分析上面参考程序,如果不设置计数器值(D1=0),系统可以启动运行吗?启动运行后,搬运多少个工件后停止?设计程序,在没有输入搬运工件数(工件数设定寄存器D1=0)时,机械手能实现一直循环搬运。

14.2 多模式机械手控制系统安装与调试

1. I/O 分配

根据控制要求,多模式机械手控制系统输入端共有 5 个限位传感器、3 个控制按钮,输出端共有 6 个气缸控制电磁阀,其他如模式转换开关、手动控制操作按钮等由触摸屏或者组态软件设置。多模式机械手控制 I/O 端口分配见表 14-2。

表 14-2 多模式机械手控制 I/O 分配表

输入端		输出端	
元件	端口编号	元件	端口编号
下限位传感器	X2	下降电磁阀	Y0
松紧传感器	X3	上升电磁阀	Y1
上限位传感器	X4	右移电磁阀	Y2
右限位传感器	X5	左移电磁阀	Y3
左限位传感器	X7	夹紧电磁阀	Y4
启动按钮	X10	放松电磁阀	Y5
停止按钮	X11		
急停按钮	X12		

2. I/O 接线图

根据多模式机械手控制要求和表 14-2 的 I/O 分配表,绘制多模式控制机械手接线图。多模式控制开关通过组态软件或者触摸屏设置,手动控制的各个控制按钮也都由触摸屏或者组态软件设置,这些控制按钮或者开关无须设计硬件系统。

3. 顺序控制状态转移图

根据多模式机械手控制要求,绘制顺序控制状态转移图,如图 14-12 所示。

手动控制程序设计在梯形图块部分,单步、单周期、自动循环功能设计在 S20 ~ S27 分支流程,回原点设计为 S10 ~ S12 分支流程。

4. 程序设计与调试

(1)启动与停止环节设计

如图 14-13 所示,在梯形图块部分设置启停环节,M20 作为停止标志控制步的转移。停止按钮按下,置位停止标志 M20;启动按钮按下,复位停止标志 M20。M20 为 ON 时,在完成搬运动作返回后跳转至初始步 S0 后,系统处于停机等待状态;M20 为 OFF 时,设计程序在搬运动作返回后跳转至 S20 步,继续进行下一个搬运循环。

程序设计

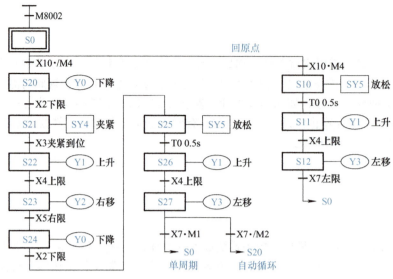

图 14-12 多模式机械手顺序控制状态转移图

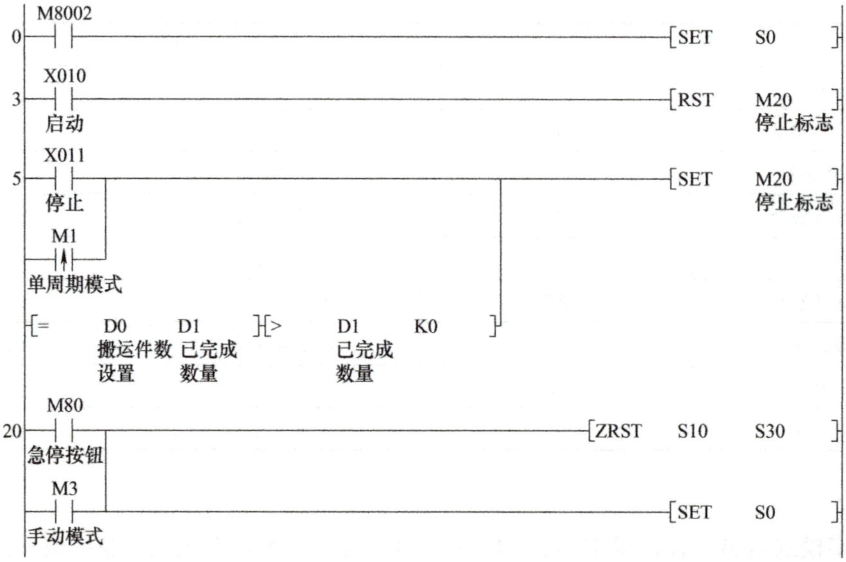

图 14-13 多模式机械手启动与停止环节参考程序

另外从自动循环等模式切换到单周期模式时,同样置位停止标志,机械手完成当前搬运循环后立即停止。机械手有完成设定搬运工件数后自动停止的功能。当已完成搬运的工件数 D1 与设置的需搬运工件数 D0 相等时,置位停止标志 M20,控制完成搬运任务后回到初始步并停止运行。设置 D1 大于 K0 条件的意义是,如果没有设置 D0 的值,D0=0,启动后 D0=D1=0,便置位了停止标志,搬运一个周期后便会停止,加上 D1 大于 K0 的条件后,不设置搬运件数 D0 的值,系统就会进行无限循环的搬运。

处于手动模式下时,激活 SFC 初始步 S0,复位其他所有步,执行梯形图块部分手动控制程序。如果按下急停按钮,同样是立即复位其他所有步,系统进入初始步,处于停止状态。

(2)手动控制程序设计

如图 14-14 所示为手动控制参考程序。手动控制按钮设计在仿真系统界面中,当切换到手动模式时,手动控制按钮(X20 ~ X25)自动出现在控制界面。手动控制程序设计在梯形图块部分,由手动模式开关 M3 控制跳转。处于手动控制模式下,手动模式开关 M3 为 ON,跳转条件不满足,执行手动控制程序。

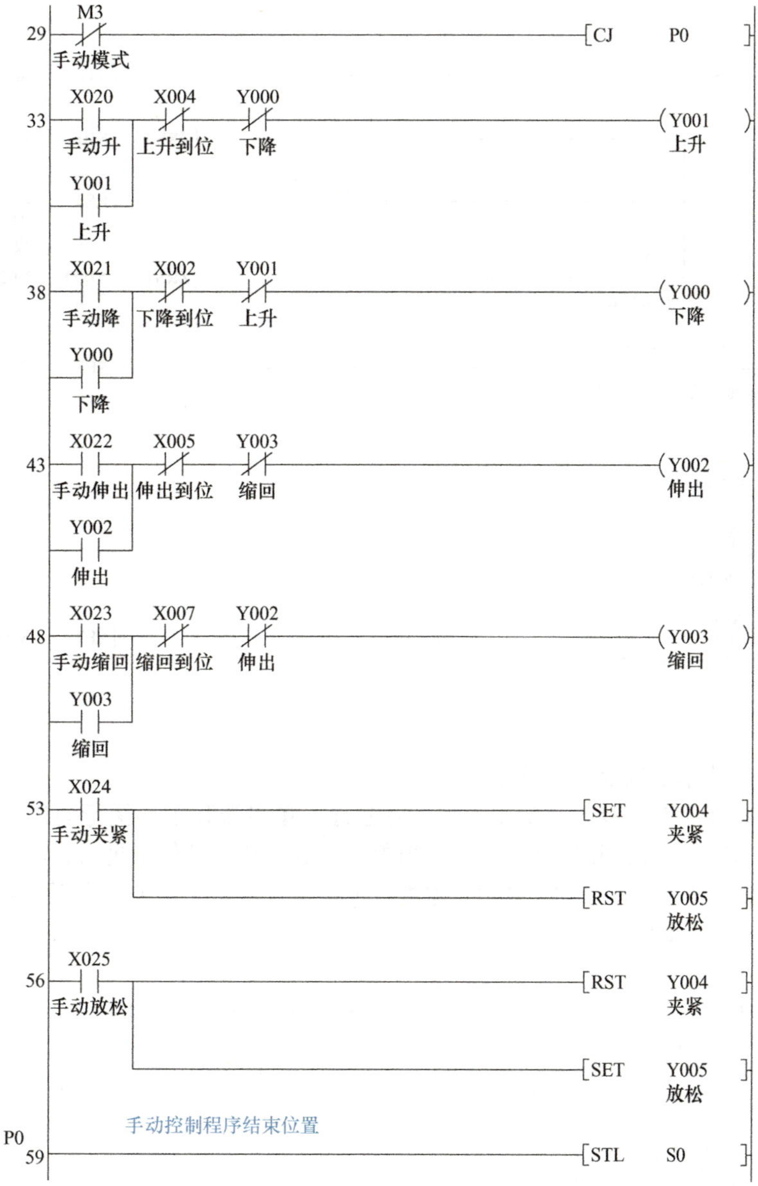

```
        M3
29  ────┤├──────────────────────────────[CJ   P0]
        手动模式

        X020   X004   Y000
33  ────┤├─────┤├─────┤/├─────────────────(Y001)
        手动升  上升到位 下降                 上升
        Y001
       ──┤├──
        上升

        X021   X002   Y001
38  ────┤├─────┤├─────┤/├─────────────────(Y000)
        手动降  下降到位 上升                 下降
        Y000
       ──┤├──
        下降

        X022   X005   Y003
43  ────┤├─────┤├─────┤/├─────────────────(Y002)
        手动伸出 伸出到位 缩回                伸出
        Y002
       ──┤├──
        伸出

        X023   X007   Y002
48  ────┤├─────┤├─────┤/├─────────────────(Y003)
        手动缩回 缩回到位 伸出                缩回
        Y003
       ──┤├──
        缩回

        X024
53  ────┤├─────────────────────────────[SET  Y004]
        手动夹紧                              夹紧

                                        [RST  Y005]
                                              放松

        X025
56  ────┤├─────────────────────────────[RST  Y004]
        手动放松                              夹紧

                                        [SET  Y005]
                                              放松
        手动控制程序结束位置
P0
59  ─────────────────────────────────────[STL  S0]
```

图 14-14 多模式机械手手动控制参考程序

手动操作具有自锁功能,比如下降操作,按下手动下降按钮后,执行下降,下降到位后自动停止。处于其他模式下,手动模式开关 M3 为 OFF,M3 常闭触点接通,跳转条件满足,跳过手动控制这部分梯形图程序。左母线外标注的 P0 为程序跳转位置,也即手动控制程序结束位置。

(3) SFC 初始步的程序设计

如图 14-15 所示为初始步参考程序。初始步中,复位其他步,复位控制机械手动作 Y 的输出,使得系统处于停机等待启动状态。需要注意的是,手动模式下,顺控流程是处于初始步的,手动程序在前面的梯形图块部分,复位 Y 输出的时候,需要加上 M3 为 OFF 这个条件,否则手动控制时，在初始步这里对控制手动动作的 Y 进行了复位，将导致手动控制动作不能执行。初始步后有搬运分支流程和回原点分支流程，这两个选择性分支流程由模式控制开关控制跳转。

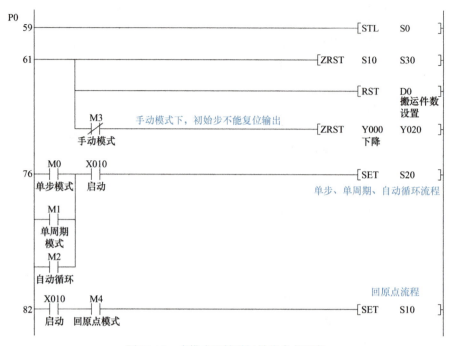

图 14-15　多模式机械手初始步参考程序

（4）单步与非单步流程程序设计

如图 14-16 所示为单步与非单步流程参考程序。单步流程中，执行动作时，加上按下启动按钮（X10）这个条件，并且设置自锁，当前步完成、转移条件满足后，转入下一步并处于暂停状态，需要再按启动按钮（X10）才进行下一步动作。非单步流程不需要启动条件，转入下一步后自动执行动作。

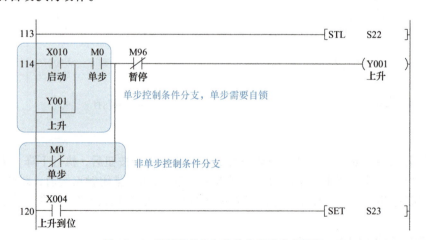

图 14-16　机械手单步与非单步流程参考程序

（5）暂停控制程序设计

如图 14-17 所示为暂停控制参考程序。暂停按钮使用仿真系统右侧工具栏扩展按钮 M96 进行控制：M96 按钮为 ON，控制当前活动步输出断开，SFC 流程控制停止转移，停留在当前步；M96 断开，当前活动步输出执行，转移条件满足后转入下一步，机械手继续运行。

图 14-17　多模式机械手暂停控制参考程序

> **思考**：查询特殊辅助继电器 M8040 的功能，用 M8040 实现暂停功能，并比较与采用暂停开关控制机械手动作的区别。

（6）搬运流程结束跳转环节程序设计

图 14-18 所示为搬运流程结束跳转环节参考程序，完成一个搬运循环左移返回原位后（X7 接通），如为单周期模式（M1 为 ON），或者停止标志为 ON，控制跳转到初始步 S0，系统处于停机等待状态。其他模式下或者停止标志为 OFF，则跳转至 S20 下降步继续循环搬运。完整程序见二维码内容。

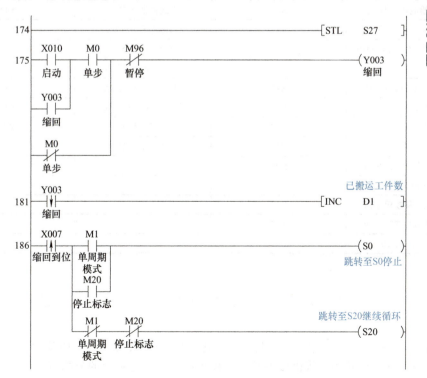

图 14-18　多模式机械手搬运流程结束跳转环节参考程序

5. 多模式机械手硬件电路安装与程序调试

本案例中，采用亚龙公司 YL-235A 机电一体化设备的机械手作为被控对象，真实机械手比前面仿真系统中的机械手多一个旋转气缸，流程控制中多了左旋转和右旋转的动作。在硬件连接中，需要增加两个限位传感器和控制旋转气缸的两个 Y 的输出，程序中也需要加上相应控制流程，编制程序，并安装机械手控制 PLC 外围电路，完成多模式机械手控制系统的调试。

14.3　YL-235A 物料分拣控制系统安装与调试

1. I/O 分配

分析可知，物料分拣控制系统输入端共 10 个限位传感器、10 个控制按钮，输出端共 9 个气缸控制电磁阀、1 个继电器线圈、3 个变频器控制开关及 2 个指示灯，根据控制要求对 I/O 端口进行分配，见表 14-3。

表 14-3　物料分拣控制系统 I/O 分配表

输入端		输出端	
元件	端口编号	元件	端口编号
转盘工件到位 SQ1	X0	机械手下降电磁阀 YV1	Y0
机械手下限位传感器 SQ2	X2	机械手上升电磁阀 YV2	Y1
机械手夹紧传感器 SQ3	X3	机械手右移电磁阀 YV3	Y2
机械手上限位传感器 SQ4	X4	机械手左移电磁阀 YV4	Y3
机械手右限位传感器 SQ5	X5	机械手夹紧电磁阀 YV5	Y4
机械手左限位传感器 SQ6	X7	机械手放松电磁阀 YV6	Y5
分拣传送带工件到位 SQ7	X10	工件供料传送带 KA1	Y7
金属工件检测传感器 SQ8	X11	金属件推杆 YV7	Y11
白色工件检测传感器 SQ9	X12	白色件推杆 YV8	Y12
黑色工件检测传感器 SQ10	X13	黑色件推杆 YV9	Y13
手动控制夹紧按钮 SB1	X14	变频器低速段开关 SA1	Y14
手动控制放松按钮 SB2	X15	变频器正转开关 SA2	Y15
启动按钮 SB3	X22	变频器高速段开关 SA3	Y16
复位按钮 SB4	X24	红色指示灯 HL1	Y20
停止按钮 SB5	X25	绿色指示灯 HL2	Y21
手动控制上升按钮 SB6	X20		
手动控制下降按钮 SB7	X21		
手动控制左移按钮 SB8	X16		
手动控制右移按钮 SB9	X17		
急停按钮 SB10	X27		

2. I/O 接线图

根据物料分拣系统控制要求和表 14-3 的 I/O 分配表，绘制 PLC 外围电路接线图。

3. 顺序控制状态转移图

根据物料分拣系统控制要求，绘制顺序控制状态转移图，如图 14-19 所示。

为提高系统工作效率，将机械手搬运流程和物料在传送带上的分拣流程设置为两个独立的顺控流程，这样机械手搬运流程不需要等待分拣流程的结束而独立运行。

项目 14　机械手搬运及物料分拣系统安装与调试

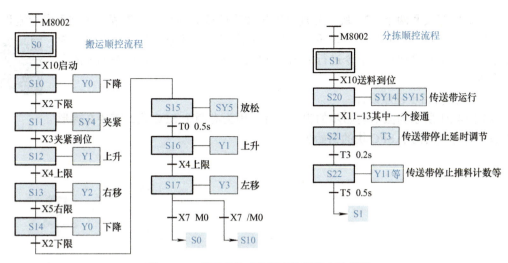

图 14-19　物料分拣系统顺序控制状态转移图

4. 程序设计与调试

如图 14-20 所示为分拣系统 SFC 程序块结构图。在主程序中，新建数据，设置三个程序

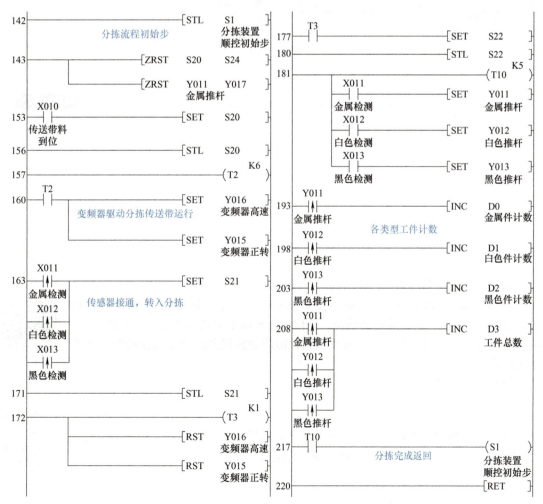

图 14-20　分拣系统 SFC 程序块结构图

块、一个梯形图块和两个 SFC 块，分别对应机械手搬运流程和分拣流程。机械手搬运流程在前面的任务中已进行了介绍，这里重点分析分拣流程工作任务。为展示方便，参考程序都选用了步进梯形图指令进行展示，而实际应用中，用 SFC 块图编程法会更加简便。

（1）激活初始步程序设计

如图 14-21 所示为激活初始步的程序设计。因为有两个 SFC 块，需要在梯形图块部分同时激活两个 SFC 块的初始步。

程序设计

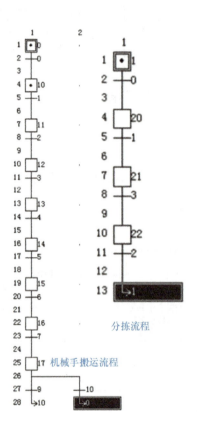

图 14-21 激活初始步程序设计

（2）初始步处理及选择性分支流程设计

如图 14-22 所示为分拣流程顺序控制参考程序。初始步一般对应停止等待状态，初始步程序中，复位其他活动步，复位控制机械手运动部件的所有 Y 的输出。初始步有机械手搬运和分拣两个分支流程，由启动按钮和回原位按钮控制选择性分支的转移。

完整程序见二维码内容。

完整程序

5. 硬件电路安装与调试

在仿真系统完成物料分拣控制系统程序调试后，按照硬件安装接线图，完成 YL-235A 自动分拣设备机械手模块外围部分电路的安装接线，并完成程序的调试与运行。

安装接线

变频器的设置可以参考项目 15 变频器的外部运行方式有关内容。

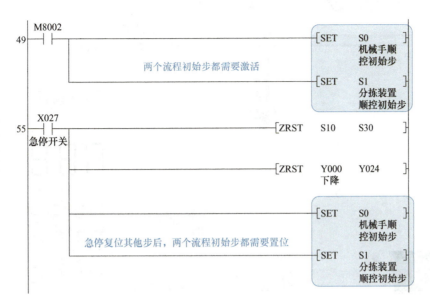

图 14-22　物料分拣流程顺序控制参考程序

项目延伸

1. YL-235A 分拣控制系统进一步设计

1）分拣部分分支流程的设计：YL-235A 物料分拣控制系统三种工件的推料动作需要单独调试，三种物料检测传感器检测到相应工件后，推杆动作响应的时间可调，定时时间由触摸屏的数据寄存器输入，实现不改变程序实时调节。设计分拣顺控流程图，将金属、白色、黑色 3 种工件的推料、计数环节做成三个分支控制流程，实现三个推料动作可单独调试的功能。

2）改进传动带运行方式：设计程序，传送带在来料口没有工件时，以低速方式待机运行，检测到工件后，转入高速运行，分拣完成后，5s 内没有工件进入，转入低速待机，30s 没有来料，传送带停止运行。

2. 大小球分拣控制系统程序设计

大小球分拣控制系统实训页面如图 14-23 所示，控制要求如下。

1）用选择开关 M1（PLC 内部辅助继电器 M1）选择大球和小球，若 M1 为 ON，则选择大球；若 M1 为 OFF，则选择小球。

2）按下启动按钮（X0），机械手开始下降（Y0）到球箱，下降到位（X2 接通）后，电磁吸盘通电（Y1）2s，然后上升（Y2），上升到位后（X3 接通），机械手右移（Y3）。如果是小球，机械手到达小球右限（X4 接通）下降，下降到位（X2 接通）后，释放球入球箱（断开 Y1），2s 后，返回继续搬运；如果是大球，机械手到达大球右限（X5 接通）下降，下降到位（X2 接通）后，释放球入球箱（断开 Y1），2s 后，返回继续搬运。

完整程序

3）球箱清空操作：当小球箱内的小球数量达到 5 个时，机械手暂停搬运，启动小球箱传送带（Y5），Y5 输出 6s 后断开，小球箱自动返回。当大球箱内的大球数量达到 3 个，机械手暂停搬运，启动大球箱传送带（Y6），Y6 输出 5s 后，断开 Y6，大球箱自动返回。球箱返回过程中，机械手继续进行搬运动作。

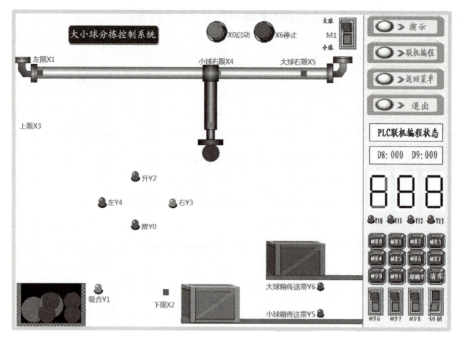

功能演示

图 14-23 大小球分拣控制系统实训页面

4）按下停止按钮（X6），机械手完成本次搬运动作后，回到原位停止。

根据表 14-4 I/O 分配表，绘制 I/O 接线图，绘制顺序控制状态转移图，编写控制程序，并在仿真系统中完成程序的调试。

表 14-4 大小球分拣控制系统 I/O 分配表

输入端		输出端	
元件	端口编号	元件	端口编号
启动按钮 SB1	X0	下降电磁阀 YV1	Y0
停止按钮 SB2	X6	吸合电磁阀 YV2	Y1
左限行程开关 SQ1	X1	上升电磁阀 YV3	Y2
下限行程开关 SQ2	X2	右移电磁阀 YV4	Y3
上限行程开关 SQ3	X3	左移电磁阀 YV5	Y4
小球右限行程开关 SQ4	X4	小球箱传送带 KM1	Y5
大球右限行程开关 SQ5	X5	大球箱传送带 KM2	Y6
大小球选择开关	M1		

3. 两个机械手配合的工件喷漆控制系统程序设计

工件喷漆控制系统实训页面如图 14-24 所示，由两个机械手配合完成，控制要求如下。

1）系统共有两个机械手，机械手 1 负责将工件从送料带搬运至喷漆工位，机械手 2 负责将喷漆完工后的产品搬运至包装箱。两个机械手有共同工作区间，要求设计防碰撞装置：任何时候，只能有一个机械手在共同工作区间工作。

2）自动供料：供料点传感器检测到没有物料时，启动传送带供料，工件到位时，传送带停止。

项目 14 机械手搬运及物料分拣系统安装与调试

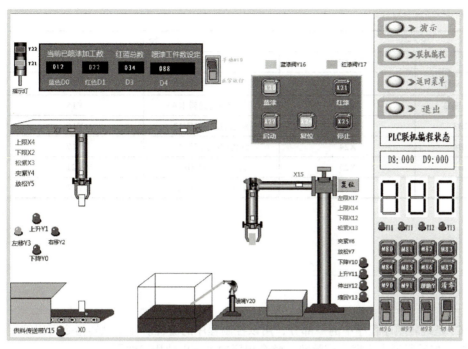

图 14-24 工件喷漆控制系统实训页面

3）喷漆有红、蓝两种颜色，分别用两个按钮控制选择。喷漆加工完成后，对两种颜色的已喷漆工件分别计数，并对总数进行统计。按下复位按钮对工件数清零，可以通过屏幕设定加工件数。

4）M10 为调试开关。打开调试开关，可以对两个机械手单独进行手动控制。两个机械手需要设置急停及回原点程序。

根据表 14-5 工件喷漆控制系统 I/O 分配表，绘制 I/O 接线图，绘制顺序控制状态转移图，编写控制程序，并在仿真系统中完成程序的调试。

表 14-5 工件喷漆控制系统 I/O 分配表

输入端		输出端	
元件	端口编号	元件	端口编号
未加工工件到位 SQ1	X0	机械手 1 下降电磁阀 YV1	Y0
机械手 1 下限位传感器 SQ2	X2	机械手 1 上升电磁阀 YV2	Y1
机械手 1 夹紧传感器 SQ3	X3	机械手 1 右移电磁阀 YV3	Y2
机械手 1 上限位传感器 SQ4	X4	机械手 1 左移电磁阀 YV4	Y3
机械手 1 右限位传感器 SQ5	X5	机械手 1 夹紧电磁阀 YV5	Y4
机械手 1 左限位传感器 SQ6	X7	机械手 1 放松电磁阀 YV6	Y5
机械手 2 下限位传感器 SQ7	X12	机械手 2 夹紧电磁阀 YV7	Y6
机械手 2 夹紧传感器 SQ8	X13	机械手 7 放松电磁阀 YV8	Y7
机械手 2 上限位传感器 SQ9	X14	机械手 2 下降电磁阀 YV9	Y10
机械手 2 右限位传感器 SQ10	X15	机械手 2 上升电磁阀 YV10	Y11
机械手 2 左限位传感器 SQ11	X17	机械手 2 伸出电磁阀 YV11	Y12

(续)

输入端		输出端	
元件	端口编号	元件	端口编号
蓝漆选择按钮 SB1	X20	机械手 2 缩回电磁阀 YV12	Y13
红漆选择按钮 SB2	X21	工件供料传送带 KA1	Y15
启动按钮 SB3	X22	蓝色油漆阀 YV13	Y16
复位按钮 SB4	X24	红色油漆阀 YV14	Y17
停止按钮 SB5	X25	绿色指示灯 HL1	Y21
		红色指示灯 HL2	Y22

相关知识

14.4 跳转指令 CJ

跳转指令 CJ 是跳转顺序程序中的一部分，用以控制程序的流程。使用跳转指令可以缩短 PLC 的扫描周期，如果程序中合理安排跳转，整个程序中也可以使用双线圈。

如图 14-25 所示跳转程序，跳转条件满足时，程序跳转至跳转标志的 Pn 处（n 代表数字，即跳转标记号），被跳转部分的程序不执行运算。

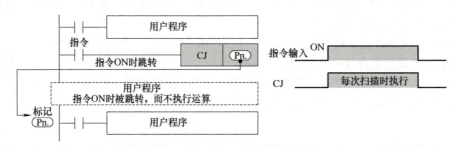

图 14-25 跳转指令控制程序跳转示意图

（1）标记 Pn 的输入

编写梯形图程序时，将光标移动到梯形图的母线左侧，在回路块起始位置处输入标记，如图 14-26 所示。

（2）标记 Pn 的使用

跳转指令标记如果使用重复编号（如图 14-27 所示的 P9 标记，在用户程序中重复标记），程序会报错。

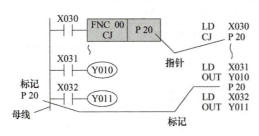

图 14-26 跳转指令标记的输入

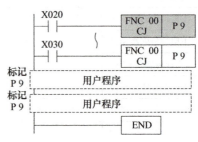

图 14-27 不能重复标记

(3) 从多个 CJ 指令向一个标记的跳转

如图 14-28 所示，编程过程中，多个 CJ 指令指向同一跳转标记是允许的。

(4) CALL 指令使用的标记和 CJ 指令使用的 Pn 标记不能共用

CALL 指令和 CJ 指令不能使用同一标记，否则程序会出错，如图 14-29 所示。

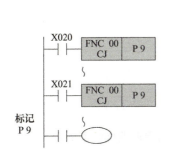

图 14-28 多个 CJ 指令向一个标记

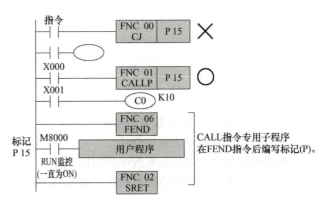

图 14-29 CALL 与 CJ 指令不能共用标记

(5) 特殊输入指针 P63

如果需要跳转至程序 END 步，可使用跳转指针 P63，P63 只能对应 END 指令。注意，在程序中不需要设置标记 P63，设置后反而程序会出错，错误代码为 6507。

(6) 跳转指令对软元件的影响

程序区被执行跳转后，无论被跳转区的软元件驱动条件如何，都不影响该元件的当前值，PLC 也不会执行被跳转的程序区。

项目 15 立体仓库控制系统安装与调试

学习目标

1. 进一步熟悉 SFC 顺控系统的编程。
2. 熟悉选择性分支流程程序设计。
3. 熟悉触摸屏在自动控制系统中的应用。
4. 按企业标准和工作规范开展设计任务及线路安装任务,培养职业岗位素养。

项目描述

立体仓库控制系统实训页面如图 15-1 所示。

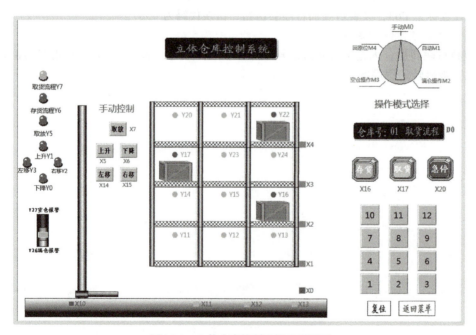

图 15-1 立体仓库控制系统实训页面

控制要求如下。

1)手动模式:手动操作对堆垛机进行升降、左移、右移、取放动作。

2)自动模式:存货时,选定一个仓号,按下存货按钮,堆垛机自动运行到仓位,放下货物后自动返回原位。取货为同样的流程。

3)空仓操作模式:按下存货按钮,自动从 1 号仓开始进行存货操作,如果碰到仓内已有货物,自动跳过该仓,自动选择下一空仓进行存货,直至 12 个仓全满。满仓后返回原位停止工作。

4）满仓操作模式：按下取货按钮，自动从1号仓进行取货操作，如果碰到仓内没有货物，自动跳过该仓，自动选择下一有货的货仓取货，直至12个仓全空，空仓后返回原位停止。

5）回原位模式：按下存货或者取货按钮，堆垛机自动进行回原位操作，返回原位状态后自动停止。

6）进行取货操作时，如果当前仓没有货物，则停止取货操作，空仓报警灯闪亮；进行存货操作时，如果当前仓已有货物，停止存货操作，满仓报警灯闪亮。

7）每个仓号对应一个货物状态指示灯，当前仓存入货物时，对相应货物指示灯置位，当货物被取出后，对相应货物指示灯复位。

8）任何模式下运行时按下急停按钮，堆垛机立即停止运行。

如图15-2所示为立体仓库的多模式控制开关，此开关为具有互锁功能的组合开关，单击开关可以转换档位，切换接通 M0～M4，任何时刻，这5个继电器有且只有一个接通。

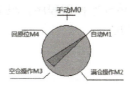

M0：手动运行模式
M1：自动运行模式
M2：满仓操作模式
M3：空仓操作模式
M4：回原位模式

图 15-2 立体仓库多模式控制开关

项目实施

15.1 I/O 分配

根据控制要求对 I/O 端口进行分配，见表 15-1。

表 15-1 立体仓库控制 I/O 分配表

输入端		输出端	
元件	端口编号	元件	端口编号
底层限位 SQ1	X0	下降继电器 KA1	Y0
一层限位 SQ2	X1	上升继电器 KA2	Y1
二层限位 SQ3	X2	右移继电器 KA3	Y2
三层限位 SQ4	X3	左移继电器 KA4	Y3
四层限位 SQ5	X4	货物取放继电器 KA5	Y5
手动上升按钮 SB1	X5	存货状态指示灯 HL8	Y6
手动下降按钮 SB2	X6	取货状态指示灯 HL9	Y7
手动取放按钮 SB3	X7	1～7 号有货状态指示灯 HL1～HL7	Y11～Y17
原位限位 SQ6	X10	10 号有货指示灯 HL10	Y20
一垛限位 SQ7	X11	11 号有货指示灯 HL11	Y21
二垛限位 SQ8	X12	12 号有货指示灯 HL12	Y22
三垛限位 SQ9	X13	8 号有货指示灯 HL13	Y23
手动左移按钮 SB4	X14	9 号有货指示灯 HL14	Y24
手动右移按钮 SB5	X15	满仓报警指示灯 HL15	Y26
存货按钮 SB6	X16	空仓报警指示灯 HL16	Y27
取货按钮 SB7	X17		

15.2　I/O 接线图

根据立体仓库控制要求和表 15-1 的 I/O 分配表，绘制立体仓库控制 I/O 接线图。

程序设计

15.3　程序编写与调试

扫码查看立体仓库控制程序，根据参考程序编制与调试立体仓库控制系统，实现所需的控制功能。

完整程序

模块四习题

一、填空题

1. STL 指令操作元件为_____。

2. 在状态转移图中，初始状态用_____来表示。

3. 在步进梯形图中，_____应当注意双线圈输出的情况。

4. PLC 中步进程序开始指令 STL 的功能是_____。

5. STL 和 RET 是一对步进指令，RET 是_____指令。

6. 一个 SFC 程序流程中，初始状态的含义是_____。

7. 顺序功能图中，初始步一般通过_____激活。

8. SFC 编程中，初始步常用的状态寄存器是_____。

9. 特殊辅助继电器 M8040 为 ON 时，_____。

二、设计题

1. 在 SFC 编程某一步的输出中，输出线圈 Y0 用 OUT Y0 和 SET Y0 的区别是什么？

2. 用 STL 指令或者 SFC 块图编程法编写图 15-3 所示 3 个顺序功能图的梯形图指令，并用仿真系统进行调试运行。

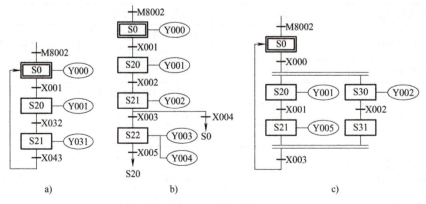

图 15-3　题 2 图

模块五

PLC、触摸屏、变频器综合控制设计及应用

- **模块五**
  - **项目16：八路抢答器控制MCGS界面开发及PLC联机调试**
    - 触摸屏界面开发
      - MCGS组态环境基本操作
      - 数据连接及通信设置
      - 按钮元件制作
      - 指示灯元件制作
    - 工程模拟运行及PLC模拟器测试触摸屏工程
    - 触摸屏工程下载及与PLC联合调试
    - 触摸屏控制的抢答器控制系统程序设计
  - **项目17：十字路口交通灯MCGS界面开发及PLC联机调试**
    - 触摸屏界面开发
      - 工程多个窗口页面制作及切换设计
      - 数据寄存器D输入输出对话框制作
      - 构件可见度属性设置及应用
    - 触摸屏工程的测试及PLC联合调试
  - **项目18：物料分拣装置MCGS界面开发及PLC联机调试**
    - 触摸屏界面开发
      - 简单脚本语言编写
      - 工程密码设置
      - 触摸屏工程数据对象与PLC通道数据连接
    - 触摸屏工程与变频器的通信连接
  - **项目19：变频器多段速控制与电机测速及与显示**
    - 变频器常用参数设置与运行
      - 工作模式设置与运行
      - 多段速设置与端子功能更改
      - 变频器线路安装及PLC联机运行
    - 变频器多段速控制程序设计
    - 电机转速测量与显示
      - SPD高速脉冲计数指令
      - 霍尔传感器原理与安装接线

项目 16　八路抢答器控制 MCGS 界面开发及 PLC 联机调试

学习目标

1. 学会 MCGS 触摸屏常用按钮元件、指示灯元件的制作及参数设置。
2. 掌握 MCGS 触摸屏与 FX 系列 PLC 的串口通信设置方法。
3. 会利用 PLC 模拟器测试触摸屏界面的通信连接情况以及各元件的数据连接情况。
4. 学会 GX Works2、PLC 模拟器、MCGS 界面的通信设置及综合程序调试。
5. 会将 MCGS 工程下载至触摸屏,进行触摸屏与真实 PLC 联机程控运行。
6. 按企业标准和工作规范开展设计任务,培养职业岗位素养。

项目描述

参照表 16-1 进行元件端口分配,开发如图 16-1 所示八路抢答器 MCGS 模拟运行页面,利用触摸屏界面模拟八路抢答器实训模块,进行八路抢答器的编程实训。

表 16-1　I/O 分配表

输入端		输出端	
元件	端口编号	元件	端口编号
1 号选手抢答按钮 SB1	M1	数码管 A 段	Y0
2 号选手抢答按钮 SB2	M2	数码管 B 段	Y1
3 号选手抢答按钮 SB3	M3	数码管 C 段	Y2
4 号选手抢答按钮 SB4	M4	数码管 D 段	Y3
5 号选手抢答按钮 SB5	M5	数码管 E 段	Y4
6 号选手抢答按钮 SB6	M6	数码管 F 段	Y5
7 号选手抢答按钮 SB7	M7	数码管 G 段	Y6
8 号选手抢答按钮 SB9	M8	开始抢答状态指示灯 HL1	Y10
主持人开始按钮 SB0	M0	复位状态指示灯 HL2	Y11
主持人复位按钮 SB8	M10		

项目 16　八路抢答器控制 MCGS 界面开发及 PLC 联机调试

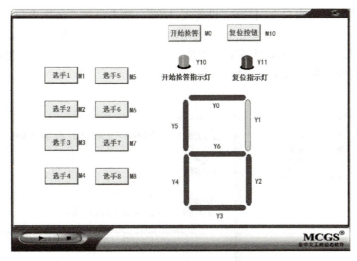

图 16-1　八路抢答器 MCGS 模拟运行页面

项目实施

16.1　制作八路抢答器 MCGS 界面

1. 新建组态工程

单击菜单栏"文件"选项，新建工程，出现如图 16-2 所示"新建工程设置"对话框。选择合适的触摸屏类型，然后确认，新建工程。工程开发好后，可以利用计算机模拟运行，实现触摸屏的实际控制效果。触摸屏类型不影响运行，但如果工程需要写入真实的触摸屏进行控制，则一定要选择实物触摸屏的型号。

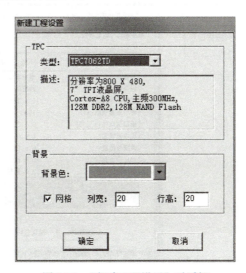

图 16-2　"新建工程设置"对话框

2. 添加串口父设备，设定通信参数

新建工程后，需要设置工程通信设备对象。按照图 16-3 所示操作步骤，在八路抢答器的开发界面中,单击"设备窗口",打开"设备工具箱",双击添加"通用串口父设备"。

在"设备组态"对话框中,单击选中通用串口父设备,然后双击"设备工具箱"的"三菱_FX 系列编程口",在串口父设备下,添加三菱_FX 系列编程口,在弹出的对话框中,选择使用 FX 系列编程口的默认通信参数。

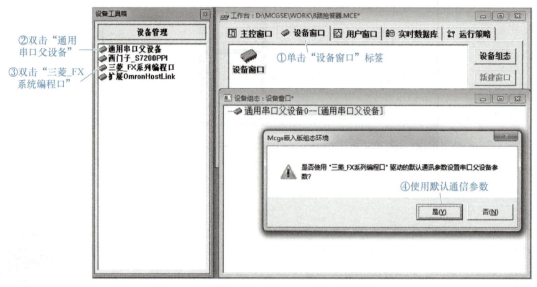

图 16-3　工程与三菱系列 PLC 通信连接的建立

双击"通用串口父设备 0",设置通用串口父设备通信参数,串口编号按照实际连接的通信串口进行选择,这里选 COM1,如果与三菱 FX 系列 PLC 通信,通信参数按图 16-4 所示进行设置。

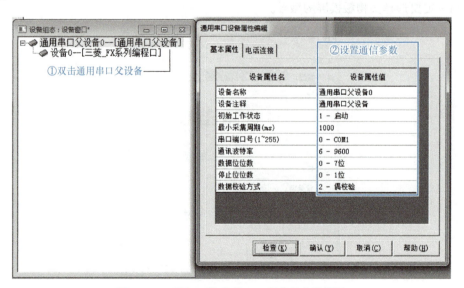

图 16-4　工程与三菱系列 PLC 通信的参数设置

3. 新建用户窗口

按图 16-5 所示操作步骤,新建八路抢答器用户窗口,选择"用户窗口"标签,单击"新

项目 16　八路抢答器控制 MCGS 界面开发及 PLC 联机调试

建窗口"按钮，右击"窗口 0"，在弹出的菜单里选择"属性"，可以对窗口的名称、背景色等进行修改。

图 16-5　新建用户窗口页面

4. 制作按钮元件

以"选手 1"按钮为例，在工具箱选择按钮图标，在窗口中绘制按钮，双击按钮元件设置属性，可以修改按钮名称（文本）、文本颜色，单击"文本颜色"旁边的，可以设置按钮字体等参数，如图 16-6 所示。

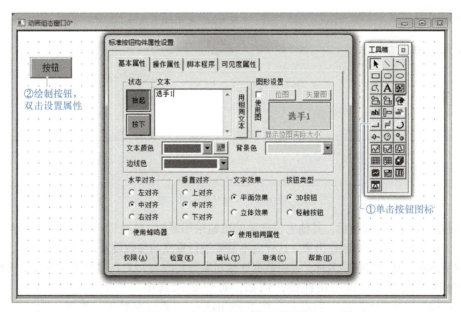

图 16-6　标准按钮的基本属性设置

按照图 16-7 所示操作步骤，进行按钮的数据连接。单击"操作属性"，选择"数据对象值操作"，操作方式选择"按 1 松 0"，单击右侧"?"按钮，进行数据对象选择。在"变量选择"对话框（见图 16-8）中，选择"根据采集信息生成"方式，"选择采集设备"为"设备 0[三菱 _FX 系列编程口]"，"通道类型"选择"M 辅助寄存器"，在"通道地址"框中输入 1，这样这个按钮就与 PLC 的辅助继电器 M1 建立了连接。

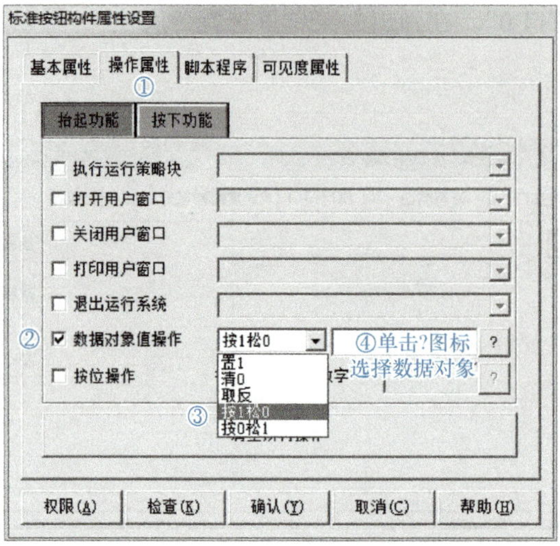

图 16-7 标准按钮的数据连接设置

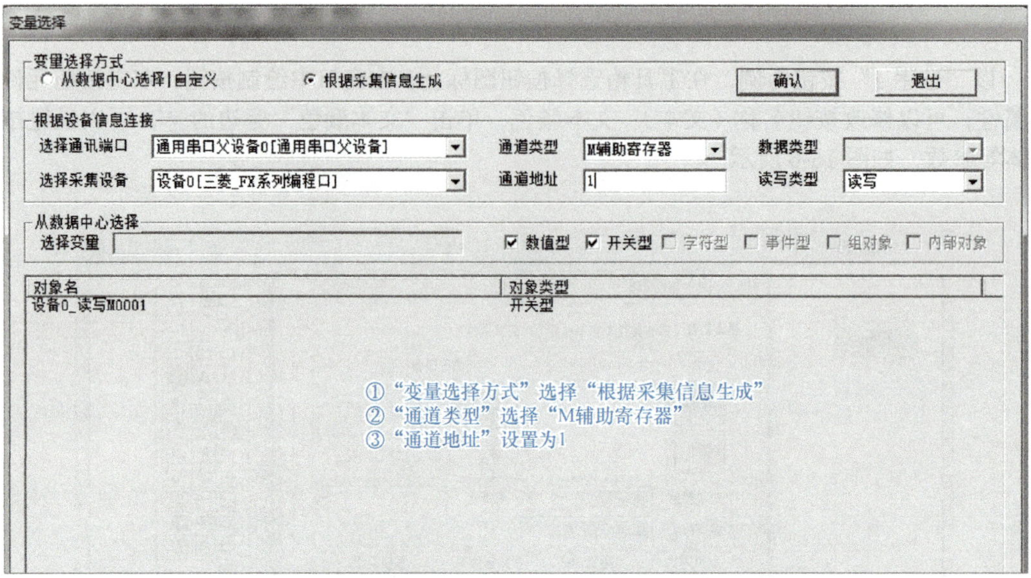

图 16-8 "选手 1"按钮的数据对象连接

设置好"选手 1"按钮后，其他七位选手的按钮采用复制（快捷键 <Ctrl+C>）、粘贴（快捷键 <Ctrl+V>）的方法在窗口中制作出来，这样就不需要进行重复的参数设置，且各个按钮大小规格一致。粘贴完成后，更改按钮的名称，并将数据连接对象分别改为 PLC 的辅助寄存器 M2～M8。

在排列按钮时，可以用快捷键，例如，可以纵向选中"选手 1"至"选手 4"，按下 <Ctrl+→> 对这四个按钮进行右对齐，按下 <Ctrl+←> 进行左对齐，按下 <Alt+↑>，可以让这四个按钮在水平方向上等距分布。如果是按下 <Alt+→> 则可以让选中元件在水平方向上等距分布。

用同样的方法制作主持人开始抢答按钮 M0、复位按钮 M10。

5. 制作指示灯元件

指示灯元件包括抢答状态指示灯和复位指示灯，可以使用工具箱对象元件库里的指示灯元件来制作。在工具箱里，单击 图标可以进入 MCGS 的对象元件库，元件库里有各种元器件模型可以调用，如图 16-9 所示。

项目 16 八路抢答器控制 MCGS 界面开发及 PLC 联机调试

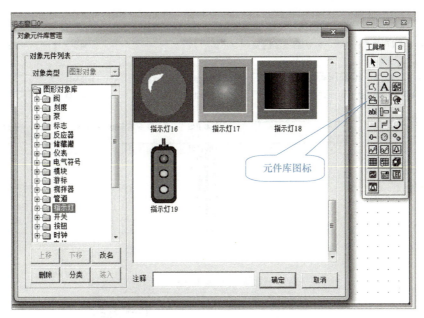

图 16-9 对象元件库及元器件

选择指示灯图库里面的指示灯元件放置于页面，双击指示灯元件，设置数据连接。例如创建并设置"开始抢答指示灯"，选择三菱_FX 系列编程口作为采集设备，选择"Y 输出寄存器"通道类型，设置"通道地址"为 8，如图 16-10 和图 16-11 所示。

图 16-10 指示灯元件设置数据连接对象

在这里要注意，PLC 的 Y 输出元件为八进制，当选择连接 PLC 的 Y10 时，"通道地址"不是选 10，而应该选 8，Y 输出元件的通道地址 8 对应的才是 Y10，通道地址 10 对应的是 Y12。

6. 七段数码显示管的制作

七段数码管的显示用自制图形实现。首先用工具箱的圆角矩形工具绘制七段数码管的其中一段笔画图形，如图 16-12 所示。然后双击此图形，在弹出的"动画组态属性设置"对话框选择"颜色动画连接"下的"填充颜色"选项。如图 16-13 所示。

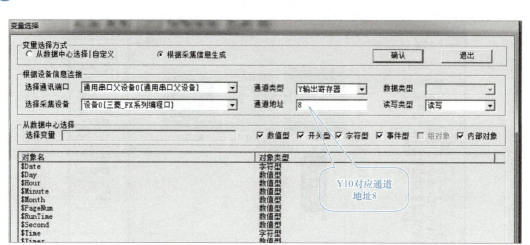

图 16-11　指示灯元件与 PLC 输出寄存器建立连接

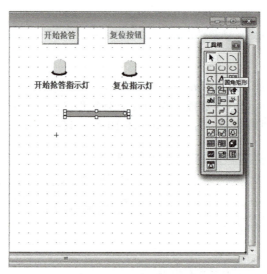

图 16-12　圆角矩形绘制的数码管笔画

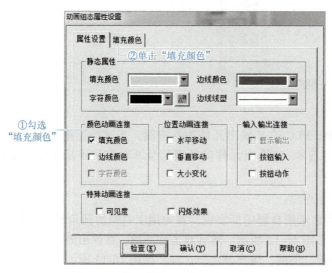

图 16-13　数码管笔画的颜色填充设置

单击"填充颜色"标签设置填充属性，如图 16-14 所示。"表达式"代表由什么条件来控制图形的填充颜色，这里选择由 PLC 的输出元件 Y0 来作为颜色填充的条件：单击图标，在弹出的对话框里，选择连接数据对象为 PLC 的输出元件 Y0。在"填充颜色连接"里，可以选择 Y0=0 时对应的图形填充颜色，也就是七段数码管该段笔画不点亮时图形填充的颜色，这里选灰色；Y0=1，即数码管点亮时，选择填充红色，然后确认。

其他六段数码笔画用复制、粘贴的方法制作出来，垂直的笔画可以用水平笔画旋转 90° 得到，这样制作出来的所有笔画规格一致。七段笔画全部绘制并排列好后，再逐一修改其他六段笔画颜色填充的数据对象，分别为 Y1～Y6。

最后用工具栏的"标签"工具对所有的数据对象添加文字标签，方便后续测试，这样整个八路抢答器的界面制作就完成了。

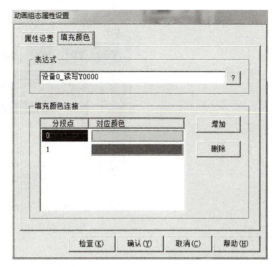

图 16-14　数码管填充颜色设置

16.2　八路抢答器 MCGS 界面通信连接及界面测试

工程开发完成后，接下来进行功能测试，这里使用凌一 PLC 模拟器。凌一模拟器可以很方便地控制 PLC 的内部软元件通断，监视界面也可以非常直观地观察到各软元件的状态，从而测试组态页面的按钮及指示灯和 PLC 数据连接情况，比连接真实 PLC 测试要方便得多。

1. 下载通信连接设置

抢答器组态工程的通用串口父设备的通信端口号为 COM1，用虚拟串口软件添加 COM1、COM2 这对虚拟串口，如图 16-15 所示。然后在 PLC 模拟器中设置下载口通信端口为 COM2，并打开下载口通信，如图 16-16 所示。这样抢答器组态工程与 PLC 模拟器就通过 COM1、COM2 这对虚拟串口建立了通信，可以进行工程下载及八路抢答器界面测试。

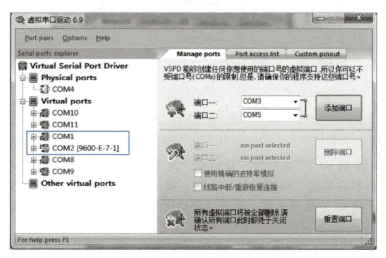

图 16-15　用虚拟串口工具添加虚拟串口

图 16-16　PLC 模拟器通信端口设置

2．工程下载

单击 MCGS 菜单栏的"工具"→"下载配置"，或者直接单击 图标，便可进行模拟运行设置，如图 16-17 所示。

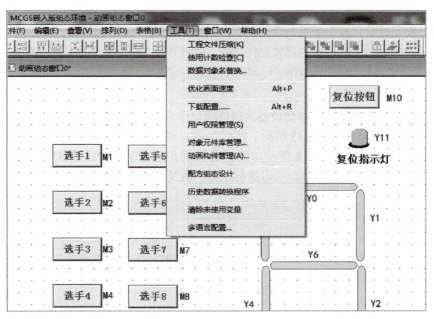

图 16-17　下载配置

进入图 16-18 所示"下载配置"对话框，首先单击"通信测试"按钮，测试与 PLC 通信是否正常。然后单击"模拟运行"按钮，接下来单击"工程下载"按钮（模拟运行同样需要工程下载），下载完成后，单击"启动运行"按钮，便可以进入工程的模拟运行页面。

进入模拟运行状态后，如果出现图 16-19 所示画面，则代表通用串口父设备选择了不可用的通信口，或者通信参数设置不正确，需重新选择可用端口或者设置通信参数。

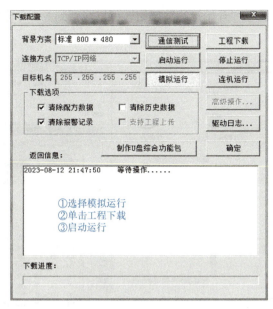

图 6-18 "下载配置"对话框

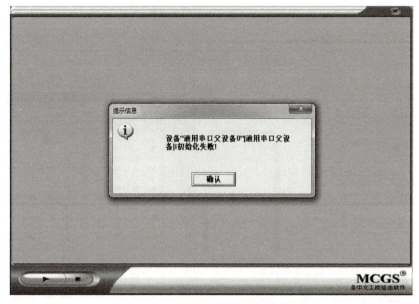

图 16-19 工程与 PLC 通信失败

3. 模拟运行及测试

（1）PLC Y 输出端的测试

图 16-20 所示为输出测试界面。在 PLC 模拟器端打开 Y 端监测窗口，并让 PLC 模拟器处于停止状态，依次单击 PLC 模拟器的 Y0～Y6 输出（鼠标左键单击为点动输出，鼠标右键单击为自锁输出），如果通信连接正常且数据连接正确，可以观察到七段数码管的 a～f 段会依次点亮。Y10 输出点亮开始抢答指示灯，Y11 输出点亮复位指示灯。

（2）按钮测试

图 16-21 所示为按钮测试界面。打开 PLC 模拟器 M 元件监测窗口，在 MCGS 工程模拟运行窗口依次单击"选手 1"～"选手 8"按钮，在 PLC 模拟器 M 元件监测窗口可以观察到

M1～M7 依次有输出。按下"开始抢答"按钮，可以观察到 M0 有输出。按下"复位按钮"，可以观察到 M10 有输出。

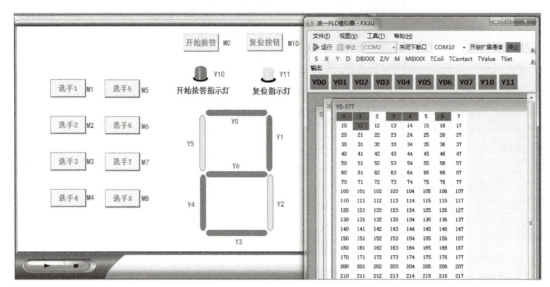

图 16-20　测试七段数码管及指示灯

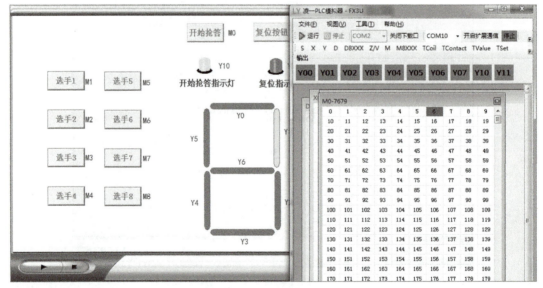

图 16-21　测试按钮

4. 抢答器虚拟仿真系统程序联调

利用 GX Works2 编程软件、PLC 模拟器实现对抢答器控制系统的程序联调，这种方法可以完全脱离硬件系统，进行 PLC 的程序设计与调试，非常方便。

如图 16-22 所示，利用虚拟串口工具添加了两对虚拟串口，COM1、COM2 这一对用于 MCGS 与 PLC 模拟器的通信，COM10、COM11 这一对用于 GX Works2 编程软件与 PLC 模拟器的通信。在 PLC 模拟器端设置下载口端口为 COM2，扩展通信端口为 COM10，并打开下载口和扩展通信口（图 16-23），GX Works2 编程软件通信端口选择 COM11（图 16-24），这样 MCGS 软件、PLC 模拟器、GX Works2 编程软件三者就建立了通信，在 GX Works2 中编写抢答器程序，写入仿真 PLC，控制抢答器系统运行。

项目 16　八路抢答器控制 MCGS 界面开发及 PLC 联机调试

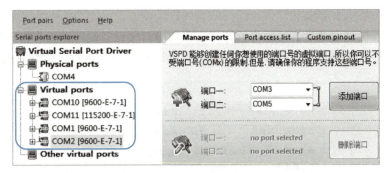

图 16-22　两对虚拟串口设置

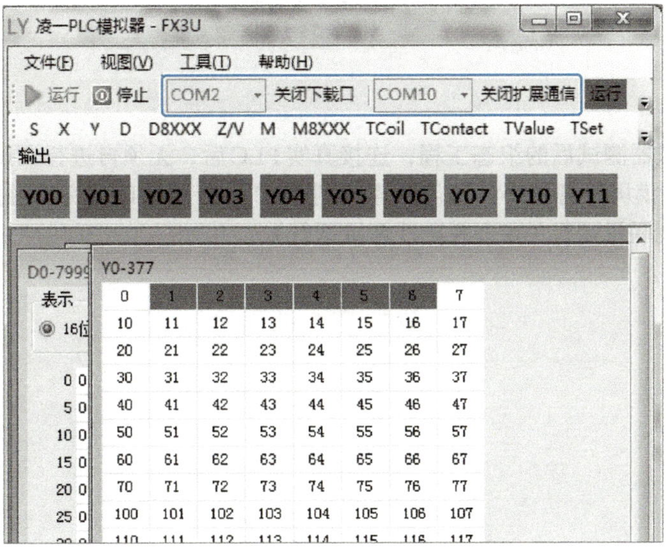

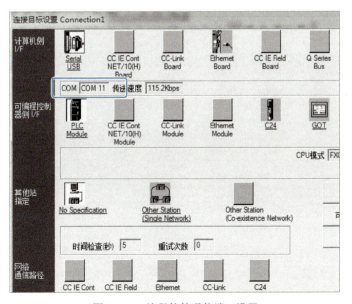

图 16-23　PLC 模拟器下载口和扩展通信口设置

图 16-24　编程软件通信端口设置

5. 连接实物触摸屏测试

PLC 模拟器测试成功后，可以将抢答器工程的串口父设备端口设置为物理串口，通过物理串口号或者 TCP/IP 网络方式连接真实 PLC，与真实 PLC 联调运行，如图 16-25 所示。

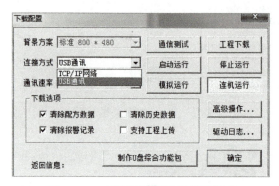

图 16-25　工程下载到真实触摸屏界面

经过 PLC 模拟器测试后的组态工程，连接真实 PLC 后，无须再进行调试，可以直接运行。下载完成后，将触摸屏设备的串口通信线连接到 PLC 串行通信口，实物触摸屏抢答器实训页面和实物 PLC 实现联机运行（完全脱离计算机运行）。

项目 17　十字路口交通灯控制 MCGS 界面开发及 PLC 联机调试

学习目标

1. 掌握 MCGS 界面数据寄存器输入 / 输出对话框的制作。
2. 掌握 MCGS 多个页面的制作方法及页面切换控制方法。
3. 掌握 MCGS 构件可见度属性的设置及应用。
4. 熟练使用 PLC 模拟器进行 MCGS 开发工程测试，以及 MCGS 工程与 PLC 的联机调试。
5. 按企业标准和工作规范开展设计任务及线路安装任务，培养职业岗位素养。

项目描述

要求在项目 16 八路抢答器的 MCGS 工程里面，增加十字路口交通灯实训页面，两个实训项目处于同一工程，可以自由切换。

参考表 17-1 I/O 分配表，开发图 17-1 所示十字路口交通灯控制 MCGS 界面，利用触摸屏模拟十字路口交通灯运行。交通灯设有东西方向通行时间设置功能（通过触摸屏设定 D0 数值），南北方向通行时间设置功能（设定 D1 数值），以及东西方向、南北方向红灯及绿灯的倒计时显示（调用数据寄存器 D10 ~ D14 数据显示）功能，通行方向上亮绿灯，显示绿灯倒计时，通行方向上亮红灯，则显示红灯倒计时。

表 17-1　十字路口交通灯 MCGS 界面元件 I/O 分配表

输入端		输出端	
元件	端口编号	元件	端口编号
启动按钮 SB1	M0	东西绿灯 HL1	Y1
停止按钮 SB2	M1	东西黄灯 HL2	Y2
强制黄灯按钮 SB3	M2	东西红灯 HL3	Y3
东西通行时间设置	D0	南北绿灯 HL4	Y4
南北通行时间设置	D1	南北黄灯 HL5	Y5
		南北红灯 HL6	Y6
		东西绿灯倒计时	D10
		南北绿灯倒计时	D11
		南北红灯倒计时	D13
		东西红灯倒计时	D14

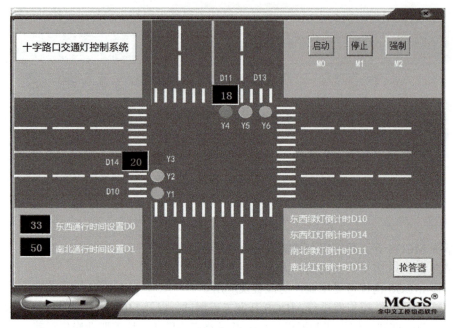

图 17-1　十字路口交通灯控制 MCGS 界面

项目实施

17.1　制作十字路口交通灯控制 MCGS 界面

1. 多个用户窗口的页面切换设计

（1）新建交通灯用户窗口

打开项目 16 创建的八路抢答器工程，在"用户窗口"选项卡单击"新建窗口"按钮，新建窗口改名为"交通灯"，如图 17-2 所示。设置其中一个窗口为启动窗口，例如"抢答器"窗口：选中"抢答器"，右击，在弹出的菜单中选择"设置为启动窗口"，这样进入运行状态时，默认打开抢答器实训页面。

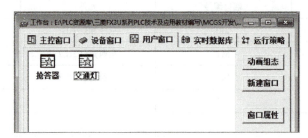

图 17-2　新建"交通灯"用户窗口

（2）页面切换功能的实现

如图 17-3 所示，在两个实训页面分别制作切换按钮，以方便页面自由切换。在抢答器页面制作一个"交通灯"按钮，设置操作属性：按钮抬起时，打开窗口"交通灯"，关闭窗口"抢答器"，如图 17-4 所示；在交通灯页面制作一个"抢答器"按钮，设置操作属性：按钮抬起时，打开窗口"抢答器"，关闭窗口"交通灯"，如图 17-5 所示。

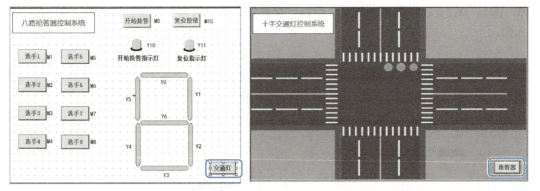

图 17-3　两个实训页面切换按钮图示

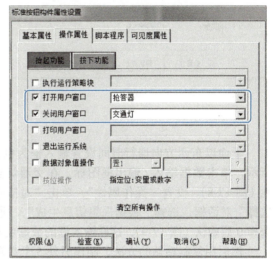

图 17-4　抢答器页面按钮属性设置　　图 17-5　交通灯页面按钮属性设置

2. 交通灯窗口页面设计

（1）十字路口图形制作

十字路口图形可以直接在 MCGS 里面制作，也可以在其他软件中制作好后，用插入位图的方式插入到实训页面，并将位图设置在图层的最底层。

（2）交通灯的制作

黄绿红色三种颜色的灯，采用绘图工具自制。以南北方向的绿灯为例，用绘图工具绘制交通灯圆形图标，然后双击设置属性。首先设置"边线颜色"为绿色（这样在静态的时候，通过图形边线颜色就能观察到是绿灯，勾选"颜色动画连接"→"填充颜色"，如图 17-6a 所示；然后在"填充颜色"选项卡中，选择由 PLC 的 Y 输出元件 Y4 控制颜色填充，Y4=0，填充灰色，Y4=1，填充绿色，如图 17-6b 所示。

其他交通灯的制作采用复制粘贴的方法，粘贴后，修改填充颜色以及连接数据对象，这样的制作方法既方便，也可以保证各个信号灯规格一致。

（3）数据寄存器对话框的制作

十字路口交通灯实训页面东西、南北方向通行时间的设置分别通过 PLC 数据寄存器 D0、D1 的数据设置来实现，东西、南北方向的红绿灯倒计时显示则通过调用 PLC 的数据寄存器

D10、D11、D13、D14 数据来实现，所以"交通灯"窗口页面上要设置 6 个 PLC 数据寄存器输入框。

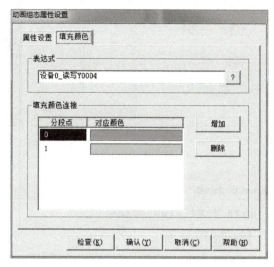

图 17-6　南北方向绿灯构件属性设置

下面以东西方向通行时间设置输入框为例，阐述数据寄存器输入框制作流程。如图 17-7 所示，单击数据输入/输出框图标，在交通灯页面绘制输入框，双击后可设置输入框构件属性（图 17-8）。设置"操作属性"，单击"对应数据对象的名称"右侧的 ? 按钮，打开"变量选择"对话框，选择"根据采集信息生成"，"通道类型"选择"D 数据寄存器"，"通道地址"选择 0 后确认（图 17-9），这样输入框的数据就和 PLC 的数据寄存器 D0 连接上了。

然后用复制粘贴的方法，制作另外 5 个数据寄存器输入框。

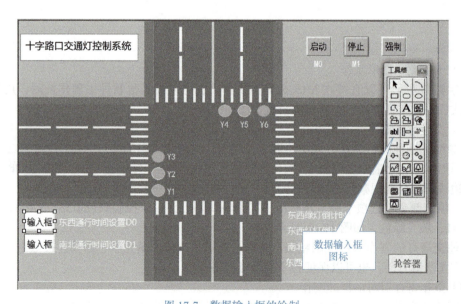

图 17-7　数据输入框的绘制

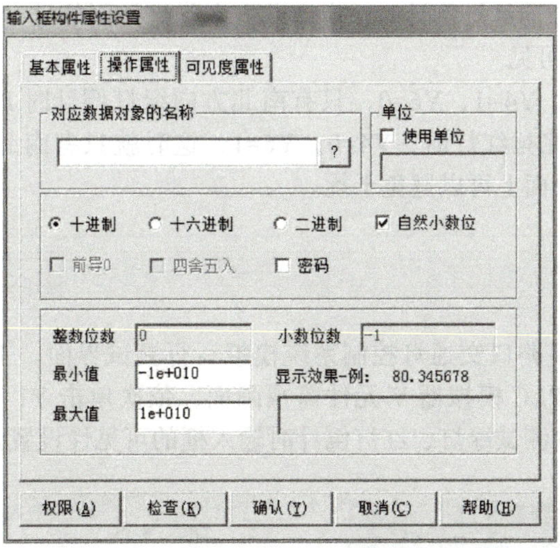

项目 17　十字路口交通灯控制 MCGS 界面开发及 PLC 联机调试

图 17-8　"输入框构件属性设置"对话框

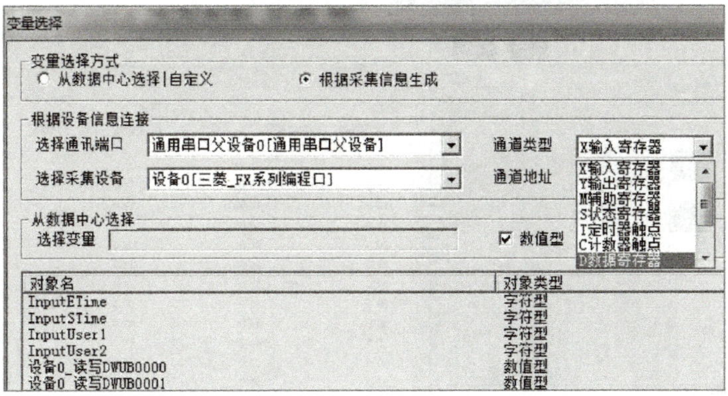

图 17-9　输入框数据连接 PLC 数据寄存器

（4）交通灯倒计时输入框的可见性设置

以南北方向倒计时输入框为例：根据控制要求，在南北方向通行时，只显示南北方向绿灯熄灭的倒计时，南北方向红灯倒计时处于不显示状态，切换至东西方向通行时，南北方向红灯亮，这时只显示南北方向红灯熄灭倒计时，南北方向绿灯倒计时处于不显示状态，这里可以通过设置输入框的可见性来实现。

图 17-10 所示为 D11 输入框可见度属性设置界面，D11 输入框为南北方向绿灯倒计时显示框，选择由 PLC 的输出元件 Y4 来控制该输入框的可见性，Y4 为控制南北方向绿灯的输出元件，Y4=1，代表南北方向绿灯亮，此时控制 D11 数据寄存器输入框可见，显示南北方向绿灯倒计时。

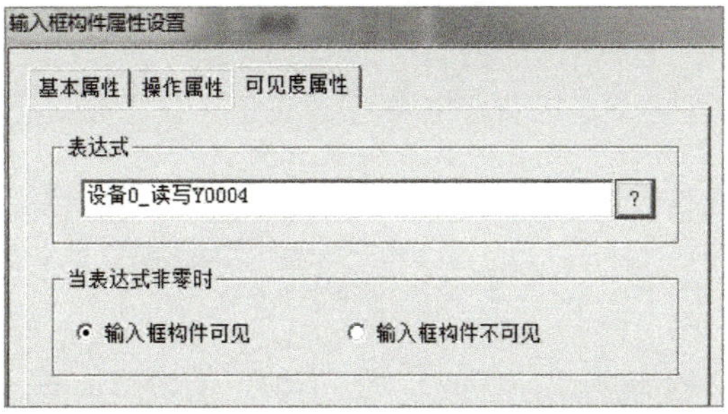

图 17-10　南北绿灯倒计时显示构件可见度属性设置

D13 输入框为南北方向红灯倒计时，由南北方向红灯控制信号 Y6 来控制该输入框的可见性，Y6=1 时，该输入框可见。

东西方向亮绿灯时，Y4=1，Y6=0，只有南北方向绿灯倒计时 D11 可见，显示南北方向绿灯倒计时；切换到南北亮红灯时，Y4=0，Y6=1，这时就只有南北方向红灯倒计时输入框 D13 可见，这样在实训界面上可以避免干扰。

17.2 十字路口交通灯控制 MCGS 界面模拟运行测试

图 17-11 所示为十字路口交通灯控制系统模拟运行测试界面。工程开发完成后，进入模拟运行状态，打开凌一 PLC 模拟器 Y 元件监视画面，依次单击 Y1～Y6 输出，检查各个指示灯的通信连接情况，并测试绿灯、红灯倒计时输入框的可见性设置是否正确。

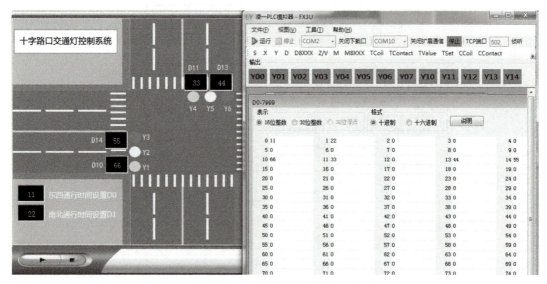

图 17-11　十字路口交通灯控制系统模拟运行测试界面

打开数据寄存器 D 监视画面，在交通灯页面输入相应数据，查看 PLC 的数据寄存器数值是否同步变化，或者在 PLC 模拟器中输入相应数据寄存器数值，查看交通灯页面对应的数据寄存器是否同步变化。

测试通过的十字路口交通灯工程，可以对接项目 7 中的十字路口交通灯程序，连接 PLC 模拟器或者真实 PLC 运行。

项目 18　多模式机械手与物料分拣装置 MCGS 界面开发及 PLC 联机调试

学习目标

1. 掌握 MCGS 界面简单脚本语言的编写。
2. 进一步熟悉 MCGS 构件可见性的设置及应用。
3. 熟悉 MCGS 工程的下载及 PLC 联机调试。
4. 培养独立思考和解决问题的工作能力。

项目描述

根据表 18-1 I/O 分配表，开发图 18-1 所示多模式机械手 MCGS 监测与控制界面。此界面用于真实的 YL-235A 实训装置的机械手控制，具体功能如下：

1）对机械手各位置传感器进行监测。
2）对 PLC 控制机械手动作的 Y 输出状态进行监测。
3）界面设置 PLC 数据寄存器 D0、D1 的输入框，用于设定搬运工件数和显示已完成的数量。
4）设置工作模式选择按钮，用于切换机械手单步、单周期、自动循环、手动、回原点 5 种工作模式，工作模式选择按钮右侧文本显示框能显示当前工作模式。
5）设置机械手的手动上升、手动下降等 8 个控制按钮，手动控制机械手运行，手动控制按钮只有处于手动模式下，才在界面显示。
6）设置机械手启动、停止、急停按钮，设置暂停控制开关。

表 18-1　多模式机械手 MCGS 界面开发 I/O 分配表

输入端		输出端	
元件	端口编号	元件	端口编号
左限位传感器	X0	下降电磁阀	Y0
右限位传感器	X1	上升电磁阀	Y1
下限位传感器	X2	伸出电磁阀	Y2
松紧传感器	X3	缩回电磁阀	Y3
上限位传感器	X4	夹紧电磁阀	Y4
伸出到位传感器	X5	放松电磁阀	Y5
缩回到位传感器	X7	左旋转电磁阀	Y6
单步模式	M0	右旋转电磁阀	Y7
单周期模式	M1	手动上升按钮	M20

(续)

输入端		输出端	
元件	端口编号	元件	端口编号
自动循环模式	M2	手动下降按钮	M21
手动模式	M3	手动伸出按钮	M22
回原点模式	M4	手动缩回按钮	M23
启动按钮	M10	手动夹紧按钮	M24
急停按钮	M11	手动放松按钮	M25
停止按钮	M12	手动左移按钮	M26
暂停按钮	M13	手动右移按钮	M27
已完成数量显示	D0	搬运工件数设定	D1

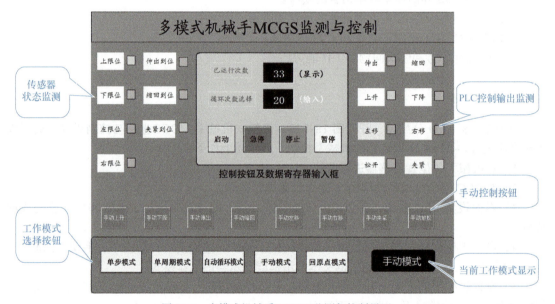

图 18-1 多模式机械手 MCGS 监测与控制界面

项目实施

18.1 多模式机械手 MCGS 界面开发与通信设置

界面开发

MCGS 界面的传感器状态监测、PLC 控制输出监测结果显示，采用绘制图形来实现，然后设置图形构件属性，由相应的 PLC 数据控制颜色填充。控制按钮及数据寄存器输入框的制作，参考前面的项目。

下面详细介绍工作模式选择按钮、当前工作模式显示文本框和手动控制按钮的制作。

通信设置

1. 工作模式选择按钮

前面章节介绍的多模式机械手控制系统用 PLC 的 M 元件 M0～M4 控制系统的模式切换，此处通过 MCGS 界面设置 M0～M4 的值，然后 PLC 通过读取 M0～M4 来切换模式。M0=1

为单步模式，M1=1 为单周期模式，M2=1 为自动循环模式，M3=1 为手动模式，M4=1 为回原点模式。M0 ~ M4 相互联锁，它们之中任何时候有且只有一个值为 1。

（1）添加数据对象

如图 18-2 所示，首先在"实时数据库"选项卡中定义"单步模式选择""单周期模式选择""自动循环模式选择"、"手动模式选择""回原点模式选择"这 5 个开关型数据对象，过程如下。

在 MCGS 工程开发工作台打开"实时数据库"选项卡，单击"新增对象"按钮，弹出的对话框如图 18-3 所示，修改"对象名称"为"单步模式选择"，"对象类型"选择"开关"，然后单击"确认"按钮。用此方法依次添加其他的数据对象。

图 18-2 "实时数据库"选项卡

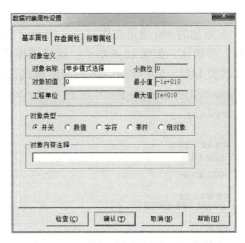

图 18-3 "数据对象属性设置"对话框

（2）数据对象与 PLC 的连接

在 MCGS 工程开发工作台，打开"设备窗口"选项卡，双击出现"设备工具箱"，双击"通用串口父设备"，添加串口父设备，然后双击"三菱_FX 系列编程口"，使用默认通信参数，再双击添加的三菱_FX 系列编程口设备，出现图 18-4 所示"设备编辑窗口"。单击"增加设备通道"按钮，出现图 18-5 所示"添加设备通道"对话框，"通道类型"选择"M 辅助寄存器"，"通道地址"为 0，"通道个数"为 5，"读写方式"为"读写"，然后单击"确认"按钮，就添加了 PLC 的 M0 ~ M4 这 5 个通道数据。

图 18-4 设备编辑窗口

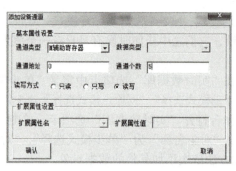

图 18-5 "添加设备通道"对话框

在添加的 M0 通道左侧双击,出现"变量选择"对话框,选择 MCGS 定义的"单步模式选择"并确认,如图 18-6 所示,这样该模式选择数据对象与 PLC 的 M0 通道就连接上了,然后依次将 M1～M4 与 MCGS 对应的模式选择数据对象建立连接。

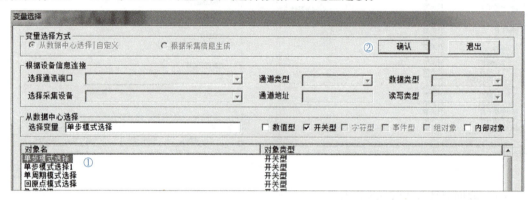

图 18-6 M0 辅助寄存器通道数据连接设置

X 通道的传感器、Y 通道的控制输出等也都可以采用这种方法与 MCGS 数据对象建立连接,如图 18-7 所示。

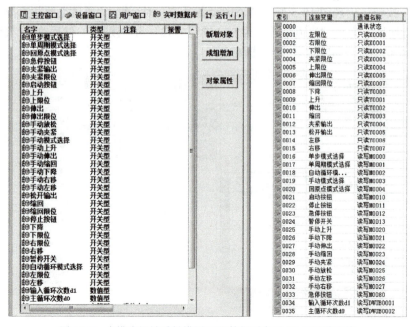

图 18-7 多模式机械手触摸屏工程数据对象及 PLC 通道连接

MCGS 界面构件与 PLC 建立数据连接的方法有两种，比如上限位传感器状态监视图形构件的颜色填充控制数据，可以选择"根据采集信息生成"，然后连接 FX 系列编程口设备中 X 通道的 X4（不需要定义 MCGS 数据对象而直接连接），也可以在 MCGS 中定义"上限位"这个数据对象，然后将该对象跟 PLC 的 X4 通道建立连接，上述模式选择按钮就采用了这个方法。

按钮的模式切换功能需要用脚本语言实现，而脚本程序只能选择 MCGS 自身数据库数据对象，所以先在 MCGS 中定义模式切换控制的 5 个开关型数据对象，用定义的数据对象编写好脚本程序，然后将这 5 个数据对象与 PLC 的 M0～M4 通道建立连接。

这里以"单步模式"按钮为例阐述模式选择按钮的制作。双击设置按钮属性，"操作属性"不需要设置，在"脚本程序"选项卡，编写图 18-8 所示脚本，将"单步模式选择"数据对象置 1，"单周期模式选择""自动循环模式选择""手动模式选择""回原点模式选择"这 4 个数据对象复位。这些数据对象已与 PLC 的 M0～M4 建立连接，这样就将 PLC 中的 M0 置位，M1～M4 复位，PLC 读取到 M0=1，从而判别选择了单步模式。图 18-9 所示为"手动模式"按钮脚本程序的编写。

图 18-8 "单步模式"按钮脚本程序

图 18-9 "手动模式"按钮脚本程序

2. 当前工作模式显示

在 MCGS 界面中，当某模式选择按钮按下时，在右侧显示框便显示当前模式。设计界面时，先制作"单步模式""单周期模式""自动循环模式""手动模式""回原点模式"5 个文本框，然后双击设置"可见度"属性，分别控制这些文本的显示。比如"单周期模式"文本框，选择"可见度"→"表达式"为"单周期模式选择"（图 18-10），当单周期模式选择按钮按下时，相应的开关型数据对象 M1 置 1，这时候"单周期模式"文本框可见，而其他模式文本框因对应开关型数据对象复位而隐含，界面只显示"单周期模式"这行文字。设置完成后，将 5 个文本框叠放到一起，5 个模式选择按钮中，任意按钮按下，对应数据对象置 1，当前工作模式显示栏只显示该模式对应文本，其他文本隐含。图 18-11 所示为"单步模式"文本框显示属性设置。

3. 手动控制按钮的制作

手动模式下的 8 个控制按钮，只有切换到"手动模式"时，才会在屏幕出现。比如"手动上升"按钮，其可见度属性设置如图 18-12 所示，只有当"手动模式选择"开关型数据对象 M3 置位时，该按钮可见。

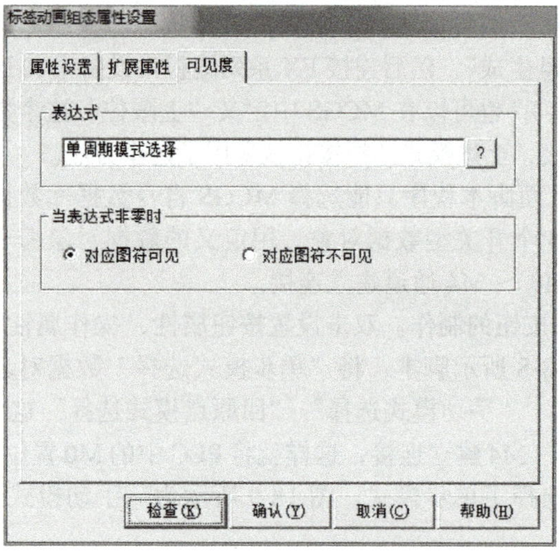

图 18-10 "单周期模式"文本显示属性设置 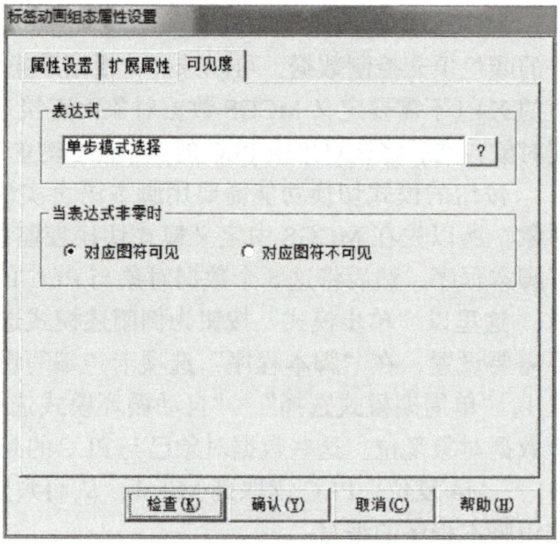　　图 18-11 "单步模式"文本显示属性设置

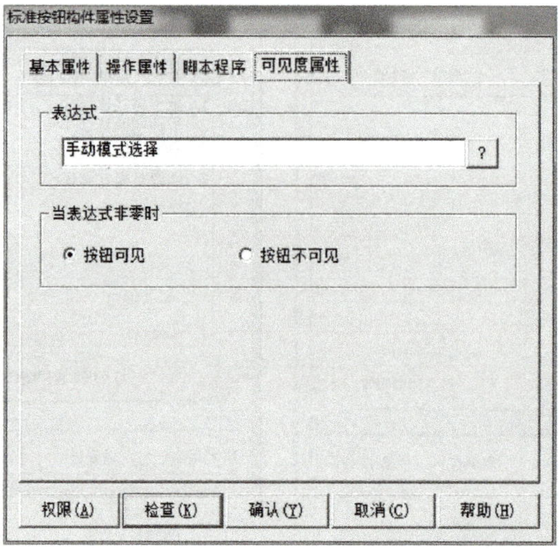

图 18-12 手动控制按钮的隐含设置

界面开发完成后，先用 PLC 模拟器测试 MCGS 界面中模式切换控制及显示功能是否正常，各控制按钮、传感器数据、输出控制数据、数据寄存器数值与 PLC 通道连接是否正常，测试完成后，再写入真实触摸屏，连接真实 PLC，控制机械手运行。

界面测试

> **练一练**：给多模式机械手监测与控制工程加上密码，输入密码正确的情况下，才能进入操作页面进行控制。
> 可定义一个密码字符串，当输入字符串内容等于设定密码时，进入系统的控制按钮才可见，才能单击进入系统。

18.2　YL-235A 物料分拣装置 MCGS 界面开发

在多模式机械手监测与控制工程中，新增一个窗口，制作 YL-235A 物料分拣装置的监测与控制界面，如图 18-13 所示，包括变频器控制部分、分拣装置控制监测和进料装置监测。两个界面可以通过页面切换按钮自由切换。

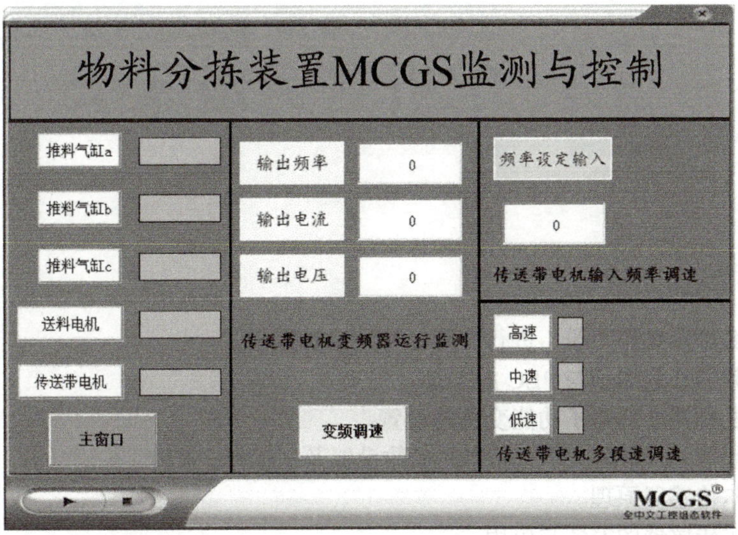

图 18-13　YL-235A 物料分拣装置监测与控制参考界面

制作完成后，进行 MCGS 界面数据连接测试，并与原来的物料分拣控制系统程序进行联机调试。

项目 19　变频器多段速控制与电机测速及显示

学习目标

1. 会查阅变频器操作手册，进行变频器常用参数设置。
2. 熟悉变频器外部端子与 PLC 的连接。
3. 会进行变频器外部端子功能变更的设置。
4. 熟悉变频器 PU 操作、外部操作的参数设置及试运行。
5. 理解霍尔传感器原理。
6. 掌握霍尔传感器的安装与应用。
7. 熟悉 MUL 乘法指令及其应用。
8. 熟悉 SPD 脉冲密度指令及其应用。
9. 按企业标准和工作规范开展设计任务及线路安装任务，培养职业岗位素养。

项目描述

本项目包含变频器多段速控制、变频器调速的电机转速测量装置安装及程序设计两个任务。

1. 变频器多段速控制

变频器多段速控制实训页面如图 19-1 所示。

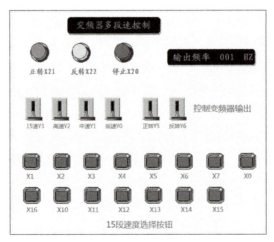

图 19-1　变频器多段速控制实训页面

控制要求如下。

1）变频器为三菱 E700 系列，设置了 15 个速度选择按钮，对应变频器多段速控制的 15 段速。单击按钮选择速度，按下正转或者反转按钮，控制变频器按照多段速对应的频率运行。

2）运行过程中，按下其他段速的按钮，变频器切换到新选择的段速频率运行。按下停止按钮，复位正反转，复位段速选择。

3）低速优先：当 15 段速中有多个速度选择按钮同时按下时，按最低速运行。

2. 变频器调速的电机转速测量装置安装及程序设计

电机测速实训页面如图 19-2 所示，需连接真实 PLC，在电机转轴上安装强磁贴片，然后连接霍尔传感器至 PLC 的高速输入端口 X0。电机转轴每转动一圈，霍尔传感器通断一次，PLC 的高速输入端口 X0 就会产生一个脉冲，从而可以用脉冲密度指令 SPD 对电机的转速进行测量并显示。

按下启动测速按钮，将电机的实时转速（转/分钟）显示在数据寄存器 D8 输出框，数据寄存器 D0 输出框则显示高速脉冲输入端口 X0 每秒钟输入的脉冲个数。按下停止按钮，停止测量及显示。

图 19-2　电机测速实训页面

项目实施

19.1　变频器多段速控制

1. I/O 分配

根据控制要求对 I/O 端口进行分配，见表 19-1。

表 19-1　电机正反转控制 I/O 分配表

输入端		输出端	
元件	端口编号	元件	端口编号
第 1~7 段速选择按钮 SB1~SB7	X1~X7	变频器 RL	Y0
第 8 段速选择按钮 SB8	X0	变频器 RM	Y1
第 9 段速选择按钮 SB9	X16	变频器 RH	Y2
第 10~15 段速选择按钮 SB10~SB15	X10~X15	变频器 REX（15 段速选择）	Y3
停止按钮 SB16	X20	变频器 STF（正转）	Y5
正转按钮 SB17	X21	变频器 STR（反转）	Y6
反转按钮 SB18	X22		

2. I/O 接线图

根据变频器 15 段速控制要求和 I/O 分配表，绘制 15 段速控制系统的 I/O 接线图，如图 19-3 所示（第 9～15 段速选择按钮未绘制，请自行添加）。

图 19-3　变频器 15 段速控制 I/O 接线图

3. 变频器参数设置

变频器的 15 段速控制由变频器外部端子给定频率及启停信号，需设置为外部操作方式，设定三菱 E700 系列变频器参数 Pr.79=2。

参数设置

如图 19-4 所示，三菱 E700 系列变频器默认分配的多段速开关有 RH、RM、RL 三个，三个开关共 8 种组合，最多可选择 7 种速度。如需得到 15 段速，需要增加一位开关，四个开关共 16 种组合，便可选择 15 段速。变频器的外接端子可以通过设置参数改变其功能，参考表 19-2，这里使用 REX 端子作为 15 段速开关，需要将 REX 端子参数 Pr.184 设置为 8。

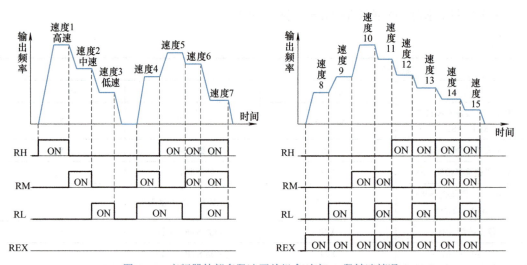

图 19-4　变频器外部多段速开关组合对应 15 段转速情况

表 19-2 变频器输入端子参数号及功能选择

参数	名称	单位	初始值	范围	内容	参数复制	参数清除	参数全部清除
178	STF 端子功能选择	1	60	0～5、7、8、10、12、14～16、18、24、25、60、62、65～67、9999	0：低速运行指令 1：中速运行指令 2：高速运行指令 3：第 2 功能选择 4：端子 4 输入选择 5：点动运行选择 7：外部热敏继电器输入 8：15 速选择 10：变频器运行许可信号（FR-HC/FR-CV 连接） 12：PU 运行外部互锁 14：PID 控制有效端子 15：制动器开放完成信号 16：PU/外部运行切换 18：V/F 切换 24：输出停止 25：启动自保持选择 60：正转指令（只能分配给 STF 端子） 61：反转指令（只能分配给 STR 端子） 62：变频器复位 65：PU/NET运行切换 66：外部/网络运行切换 67：指令权切换 9999：无功能	○	×	○
179	STR 端子功能选择	1	61	0～5、7、8、10、12、14～16、18、24、25、61、62、65～67、9999		○	×	○
180	RL 端子功能选择	1	0	0～5、7、8、10、12、14～16、18、24、25、62、65～67、9999		○	×	○
181	RM 端子功能选择	1	1			○	×	○
182	RH 端子功能选择	1	2			○	×	○
183	MRS 端子功能选择	1	24			○	×	○
184	RES 端子功能选择	1	62			○	×	○

设定好 15 段速端子功能后,按照表 19-3 所示,设定变频器 15 段速对应的输出频率。查阅 E700 变频器工作手册,设定上限频率为 120Hz,下限频率为 0Hz,加速时间为 3s,减速时间为 2s,电子保护电流为 0.66A。

表 19-3 变频器 15 段速对应输出频率

速度选择/PLC 端子	Y3（REX）	Y2（RH）	Y1（RM）	Y0（RL）	对应参数号	设定频率/Hz
速度 1（X1）	0	0	0	1	Pr.6	10
速度 2（X2）	0	0	1	0	Pr.5	20
速度 3（X3）	0	1	0	0	Pr.4	30
速度 4（X4）	0	0	1	1	Pr.24	40
速度 5（X5）	0	1	0	1	Pr.25	50
速度 6（X6）	0	1	1	0	Pr.26	60

(续)

速度选择/PLC端子	Y3（REX）	Y2（RH）	Y1（RM）	Y0（RL）	对应参数号	设定频率/Hz
速度7（X7）	0	1	1	1	Pr.27	70
速度8（X0）	1	0	0	0	Pr.232	80
速度9（X16）	1	0	0	1	Pr.233	90
速度10（X10）	1	0	1	0	Pr.234	95
速度11（X11）	1	1	0	0	Pr.235	100
速度12（X12）	1	0	1	1	Pr.236	105
速度13（X13）	1	1	0	1	Pr.237	110
速度14（X14）	1	1	1	0	Pr.238	115
速度15（X15）	1	1	1	1	Pr.239	120

4. 编写以及调试程序

参考图 19-5，编制变频器多段速启停控制参考程序。完整程序见二维码内容。

完整程序

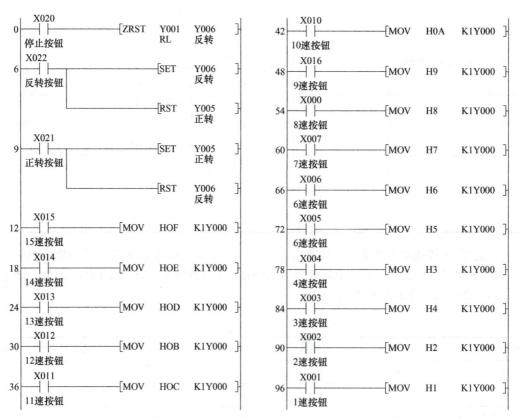

图 19-5　变频器多段速启停控制参考程序

思考：图 19-5 所示程序为低速优先模式，多个段速按钮同时按下时，低速指令会优先执行。那么，如何修改程序，让变频器高速指令优先执行？

5. 安装接线及调试运行

先在仿真系统中调试和运行程序，程序正常无误后，再写入真实PLC，根据电路安装接线图连接PLC与变频器外围电路，设置变频器参数，调试运行。15段速控制的实训页面可以与真实被控对象同步运行。

项目延伸

1）利用实训页面右侧菜单栏的扩展开关M96（图19-6）作为多段速切换开关，当M96开关接通时，多段速的控制由D8输入的数值决定：D8=1，选择1段速，D8=2，选择2段速，以此类推；D8大于或等于15都为15段速。M96开关断开时，与前面介绍的功能一样。由实训页面按钮或者PLC外接按钮控制速度的切换，参考图19-7所示程序，在原有程序基础上，增加这部分的功能。

图 19-6　多段速切换开关

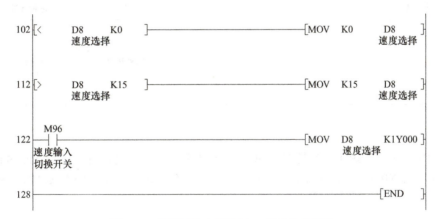

图 19-7　触摸屏输入值控制15段速参考程序

2）多段速控制系统在仿真系统调试成功后，参考实训页面，用组态软件开发多段速监控界面，工程开发完成后，连接PLC及变频器调试运行。

19.2　变频器调速的电机转速测量装置安装及程序设计

1. I/O 分配

电机转速测量系统输入端有两个控制按钮和一个霍尔传感器高速脉冲输入端口，电机由变频器控制输出。根据控制要求对I/O端口进行分配，见表19-4。

表 19-4　电机转速测量控制 I/O 分配表

输入端		输出端	
元件	端口编号	元件	端口编号
霍尔传感器输入端	X0	每秒转动圈输出	D0
启动控制按钮 SB0	X10	电机转速显示输出	D8
停止控制按钮 SB1	X11		

2. I/O 接线图

根据电机转速测量控制要求和 I/O 分配表，绘制电机转速测量系统的 I/O 接线图。

3. 变频器设置

变频器设置为操作面板控制，即 Pr.79=1。为更方便调节频率，可以设置 Pr.161=1，这样转动操作面板频率给定旋钮，无须按下确认按键，即可实时改变变频器输出频率。

也可以采用已调试成功的变频器 15 段速控制系统，控制变频器运行并测量转速。

4. 编写和调试程序

参考图 19-8 编制电机转速测量程序。

图 19-8 电机转速测量参考程序

如图 19-9 所示，SPD 指令是对高速脉冲端口输入的脉冲进行计数，当 M0 执行条件为 ON 时，程序对 X0 输入端口的高速脉冲进行计数，K1000 代表计数周期是 1000ms，即 1s。也即 1s 内统计 X0 输入的脉冲数。

图 19-9 SPD 脉冲密度指令

电机转速指的是每分钟内电机转动的圈数，所以需要将每秒转动的圈数（D0）乘以 60，得到每分钟转动的圈数（D8），也就是电机的转速，实现转速的测量。

程序调试运行见二维码。

调试运行

相关知识

19.3 三菱 FR-E740 变频器

变频器是一种电气设备，主要用于调节交流电机的转速和输出功率，它通过改变电源的频率和电压，实现对电机转速和扭矩的调节，满足各种工况下的需求，同时降低能源消耗。变频器在工业、农业、交通、家电等领域得到了广泛应用。

变频器应用过程中，主要优点如下。

1）节能：通过调节电机转速，使设备在适当的时间内运行在最佳工作状态，降低能源消耗。例如，在风机、水泵等设备中，通过降低转速实现小流量需求，避免能源浪费。

2）调速：根据实际需求，实现电机的转速调节，以满足不同工况下的运行要求。交流电机的各种调速方式中，变频调速效果最好。

3）降低启动电流：变频器在启动电机时，可以减小启动电流，降低对电网的冲击，减少电气设备的投资。

下面以三菱 FR-E740 变频器为例进行具体介绍。

1. 端子接线图

三菱 FR-E700 系列变频器是经济型高性能变频器，图 19-10 所示为三菱 FR-E740 变频器端子接线图。

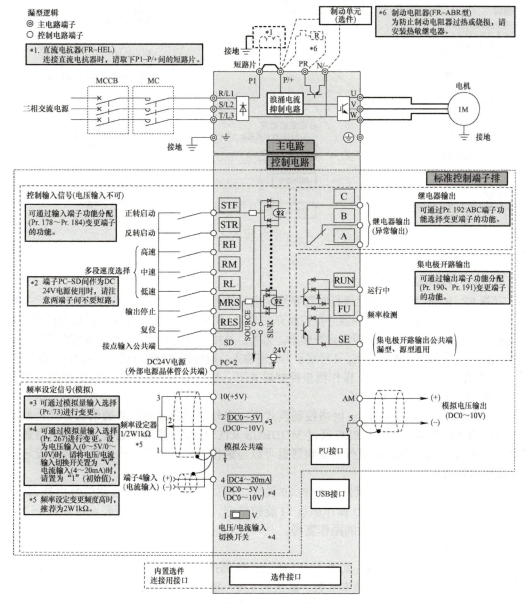

图 19-10　三菱 FR-E740 变频器端子接线图

2. 操作面板

图 19-11 所示为三菱 FR-E740 变频器操作面板的各操作按钮及指示功能介绍。

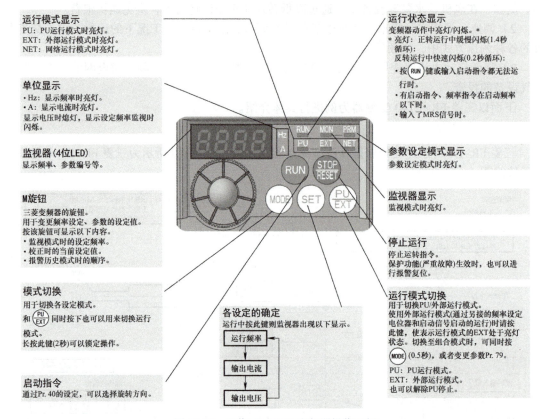

图 19-11　三菱 FR-E740 变频器操作面板

3. 基本参数设置

（1）运行模式设置

三菱 FR-E700 系列变频器运行时需要给定启动信号和运行频率，给定方式有以下三种。

1）外部控制（EXT）：变频器外接控制开关 STF、STR 可以控制给定正反转启动信号，外接多段速开关 RH、RM、RL 用来设定运行频率。另外，外接 2 号端子和 4 号端子也可以设置变频器频率，其中，2 号端子为电压输入，4 号端子为电流输入，运行频率与输入的电压或电流成正比。

2）操作面板控制（PU）：操作面板控制模式下，操作面板的 RUN、STOP 按钮控制变频器的启停，M 旋钮设定运行频率。

3）网络控制模式（NET）：网络控制模式下，由外部设备通过网络通信的方式控制变频器的启停及运行频率。例如，PLC 通过 MODBUS RTU 与变频器建立通信，通过网络通信方式由 PLC 程序控制变频器的运行；变频器也可以与触摸屏建立通信，由触摸屏界面设定运行频率及控制启动运行。

变频器的运行模式由变频器参数 Pr.79 设定，例如要设置变频器启动信号由外部 STF、STR 端子给定，频率指令由 PU 操作面板 M 旋钮给定，这种情况下，需要设定参数 Pr.79=3。图 19-12 所示为设定 Pr.79 参数的操作流程。

（2）其他参数设置

如需设定上限频率 50Hz，如图 19-13 所示，则需进入 PU 运行模式，在该模式下可以进行各项参数设定。Pr.1 为上限频率参数，默认为 120，将 120 改为 50，即完成了上限频率的设置。变频器其他常用参数的设置方法与之相同。

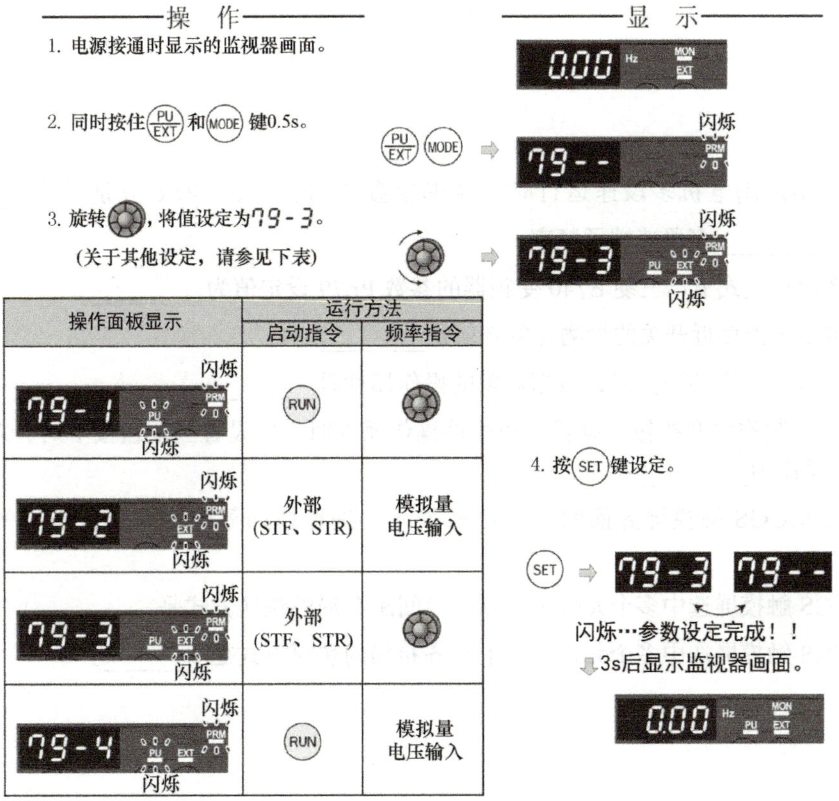

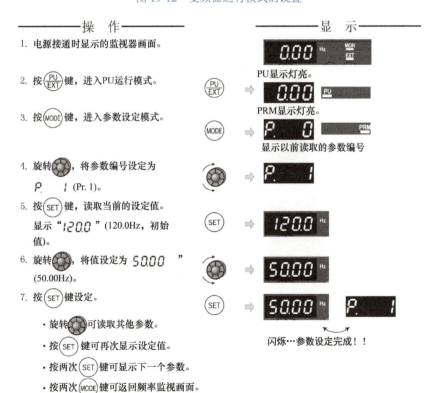

图 19-12　变频器运行模式的设置

图 19-13　上限频率参数设置过程

模块五习题

填空题

1. 变频器控制电机多段速运行时，频率参数 Pr.4、Pr.5、Pr.6 分别对应_____、_____、_____多段速端子频率。

2. 外部运行模式下，三菱 E740 变频器的参数 Pr.79 设定值为_____。

3. 霍尔传感器接近开关的检测对象必须是_____。

4. MCGS 制作自锁开关时，数据对象的操作属性是_____。

5. MCGS 制作常开按钮，设置按钮构件操作属性时，应设置当按钮按下时，对应的数据操作对象值操作为_____。

6. 开发 MCGS 触摸屏界面时，选中多个元件进行横向等间距布局，选用的快捷键是_____。

7. MCGS 触摸屏选中多个元件进行纵向等间距布局的快捷方式是_____。

8. MCGS 触摸屏选中多个元件进行上对齐布局的快捷方式是_____。

模块六

PLC 模拟量、脉冲量和通信指令应用

```
                                          ┌── 虚拟工厂Factory IO工业控制场景应用
                    项目20：Factory IO综合  ├── 虚拟工厂与虚拟PLC的通信设置
                    实训项目设计与调试      ├── 虚拟工厂与虚拟PLC的TCP端口配置
                                          └── 工业综合控制项目的系统设计与程序调试

                                          ┌── FX₃U-3A-ADP模拟量特殊适配器数据读/写方法
                    项目21：PLC           ├── 模拟量特殊适配器输入/输出端子接线方法
        模块         模拟量控制            └── 模拟量输出控制变频器调速电路的线路连接与程序设计
         六
                                          ┌── FX₃U-485-BD通信模块结构及接线方式
                    项目22：PLC           ├── 并联通信、N:N通信相关软元件及通信设置
                    连接通信              └── 并联通信、N:N通信简单控制程序的编写

                                          ┌── 高速计数器基本知识
                    项目23：PLC高速计数器  ├── 旋转编码器相关知识及其应用
                    与高速处理指令        ├── 高速处理指令的简单应用
                                          └── 脉冲输出指令对步进电机的简单定位控制
```

项目 20　基于 Factory IO 的综合实训项目设计与调试

学习目标

1. 熟悉 Factory IO、PLC 模拟器、GX 编程软件、组态软件的通信连接。
2. 熟悉 PLC 综合控制系统的组成及控制要求。
3. 进一步熟悉人机界面的开发和设计。
4. 按企业标准和工作规范开展设计任务，培养职业岗位素养。

项目描述

　　Factory IO 是一款包含工业系统搭建、PLC 编程及控制系统调试等技能训练的 PLC 交互式教学仿真软件。Factory IO 内置了丰富的工业控制场景，提供 20 多个典型的三维工业应用场景，可以直接作为 PLC 控制对象使用。系统场景具有全方位三维视觉漫游，可随意放置监控摄像头，并模拟工业控制现场的设备运行声音，让实训者有身临其境的感觉。

　　除内置场景可以直接应用外，用户也可以在 Factory IO 中自由搭建并编辑工业控制系统场景。系统包含一个完整且具有典型工业设备的部件库，用户可利用 80 余个工业部件，创造自己的个性化训练场景。用户可以启用任何一个预先构建的场景，或者在一个空旷的场景中通过拖拽的方式选择传感器、传送带、按钮、开关等部件创建一个新的工业系统，同时具有数字量和模拟量的不同 I/O 点配置。任意组合拼装的工业模型开放性强，有助于提高学生的创新能力。

　　Factory IO 系统场景可被各种外部技术控制，成为一个虚拟的被控对象，是一款非常实用的 PLC 技术专业课教学、实训辅助工具。

　　本项目借助 Factory IO 完成虚拟工厂堆垛控制系统、虚拟工厂立体仓库的设计与调试。

1. 虚拟工厂堆垛控制系统

　　图 20-1 所示为虚拟工厂堆垛控制系统实训界面，堆垛机对传送带传送过来的物料进行整理，6 个规格统一的物料码放一层，一层整理完成后，放入托盘，进行下一层整理，当托盘上的物料堆放至设定层数时，堆垛完成，通过传送带将托盘运走。堆垛过程中，对物料进行计数，并有相应的急停等保护功能。

　　1) 错层堆垛功能：为保证货物在物料托盘上的稳定性，货物在堆垛时采用错层堆放，每一层的物料与相邻层的物料错开 90° 进行堆垛，使得物料垛更稳定地在传送带上传输，如图 20-2 所示。

　　2) 货物翻转的控制：如图 20-3 所示，为实现错层堆垛，需要对物料进行翻转 90° 的操作，翻转挡板控制货物的方向改变，挡板输出为 ON 时，货物调转 90°，挡板输出为 OFF 时，货物不调转方向。

　　3) 电梯升降控制：电梯上升输出为 ON 时，电梯直接从底部上升至顶部；电梯下降输出为 ON 时，下降堆垛 1 层后自动停。电梯下降信号与电梯极限位置输出都为 ON 时，电梯直降至底部，如图 20-4 所示。

功能演示及通信设置

图 20-1　虚拟工厂堆垛控制系统实训界面

图 20-2　物料在堆垛工作台的错层堆放

图 20-3　挡板控制物料 90°旋转　　　　图 20-4　电梯升降控制

2. 虚拟工厂立体仓库

在基于虚拟工厂的系统中，组态软件可以作为 Factory IO HMI 界面，完成控制信号的输入、系统状态指示、监控等，扩展 Factory IO 功能。例如虚拟工厂的仓库系统，需要一个用于仓位操作和仓位存货状态显示的人机界面，这时可以用组态软件对这个操作界面进行开发。在组态软件的仿真系统中新建一个仓储系统的人机界面，程序调试运行时，可以利用这个界面操作 Factory IO 的立体仓储系统，如图 20-5 和图 20-6 所示。虚拟工厂的其他应用场景中，也可以用组态软件开发相应的界面，对虚拟工厂各个实训场景进行状态监控和数据统计分析，使得 Factory IO 功能更加完善。

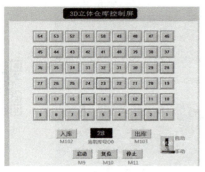

图 20-5　组态软件制作的虚拟工厂人机界面　　　　图 20-6　虚拟工厂立体仓库编程调试场景

组态软件开发的立体仓库触摸屏界面可以选择手动模式和自动模式。控制要求如下。

（1）手动模式

1）入库操作：在触摸屏选择仓库号，按下入库按钮，装卸装置从进料传送带叉取货物进行入库操作，入库完成，置位对应仓位有货指示灯。如果选择的仓位当前有货物，不进行入库操作，点亮报警指示灯提示当前仓位有货。入库完成后，系统处于停机等待状态。

功能演示及通信设置

2）出库操作：在触摸屏选择仓库号，按下出库按钮，叉车从对应仓位进行取物操作，取货后放入出货传送带，出库完成，复位对应仓位有货指示灯。如果选择的仓位当前没有货物，不进行出库操作，点亮报警指示灯提示当前仓位无货。出库完成后，系统处于停机等待状态。

（2）自动模式

自动模式下，选择好仓库号后，单击入库按钮，会从当前仓库号开始进行入库操作，当前仓库号完成后，自动升一个仓库号，如果仓位有货，则自动跳过该仓库号继续入库，直至最后一个仓位入库完成。出库操作相同，从选择的仓库号开始出库，一直到最后一个仓位出货完成为止。

项目实施

20.1　基于 Factory IO 虚拟工厂的三菱系列 PLC 仿真系统构建

利用 MODBUS TCP 协议与凌一 PLC 模拟器，进而与 Factory IO 建立通信，可实现三菱系列 PLC 利用虚拟工厂场景进行实训。MODBUS TCP 是作为一种自动化标准发行的，是一种已广泛应用于当今工业控制领域的通用通信协议，通过此协议，控制器之间或控制器经由网络（如以太网）和其他设备之间可以进行通信。PLC 模拟器自带 MODBUS TCP 通信功能，可通过该协议访问三菱 PLC 所有内部软元件。Factory IO 驱动选择 MODBUS TCP，可通过 MODBUS TCP 通信协议与模拟器建立通信，从而实现三菱系列 PLC 通过 Factory IO 进行工业控制系统的编程训练。

凌一 PLC 模拟器端具体设置：TCP 端口选择 502，并打开侦听，如图 20-7 所示。

Factory IO 的设置：如图 20-8 所示，打开 Factory IO 场景，单击菜单栏"文件"→"驱动"，在连接页面选择右上角"配置"选项。在 MODBUS TCP 中，服务器是从机，而客户端是主机，这里 Factory IO 作为服务器，端口驱动选择 MODBUS TCP Client，因为通信回路都是本机，所以主机 IP 地址设置为 127.0.0.1 本地回环地址，从站 ID 选择 1，端口选择 502。

凌一 PLC 模拟器通过 MODBUS TCP 协议与 Factory IO 建立通信，凌一 PLC 的下载口及

项目 20　基于 Factory IO 的综合实训项目设计与调试

扩展通信口可以跟 GX Works2 编程软件以及组态软件相互通信。完成通信设置后，通过凌一 PLC 模拟器连接了 GX 编程软件、组态软件、Factory IO 虚拟工厂软件，建立稳定的通信，组成一套使用方便的全虚拟仿真教学系统。

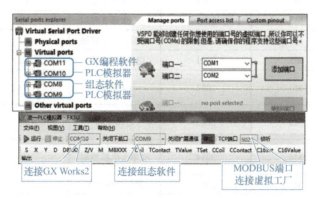

图 20-7　凌一 PLC 模拟器通信端口连接

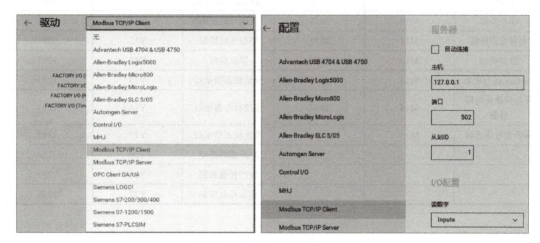

图 20-8　Factory IO 通信连接设置

20.2　虚拟工厂堆垛控制系统设计与调试

1. I/O 分配及端口设置

堆垛控制系统分别需要用到 16 个输入和 19 个输出端口。表 20-1 中分配了三菱 PLC 的 M0 ～ M15 作为传感器检测和控制信号输入。PLC 的 X 输入端在 MODBUS TCP 下虽然可以改变输入状态，但是还会出现 X 端子信号不能稳定置 1 的情况，因此，在虚拟系统的编程调试过程中输入端子用 M 端代替更合适。查询三菱 PLC 软元件对应的 MODBUS 地址（表 20-2），位元件 M0 的 MODBUS 地址为 2048，在 Factory IO 驱动设置页面进行配置，在服务器端口设置数字输入偏移地址为 2048，计数为 24，这样就添加了从 M0 开始到 M23 共 24 个位元件的输入端口。位元件 Y0 对应的 MODBUS 地址为 1280，设置数字输出偏移地址为 1280，计数为 24，这样就添加了 Y0 ～ Y27 输出端口。如需添加输出数据寄存器，可选择寄存器偏移地址 0，计数 7，这样就添加了 D0 ～ D6 寄存器输出端口。图 20-9 所示为虚拟工厂 MODBUS 客户端通信设置及 I/O 配置图。

表 20-1 虚拟工厂堆垛控制系统 I/O 分配表

输入端			输出端		
元件	PLC 端口	MODBUS	元件	PLC 端口	MODBUS
托盘皮带 1 传感器	M0	2048	托盘皮带 1 控制	Y0	1280
托盘皮带 3 传感器	M1	2049	托盘皮带 2 控制	Y1	1281
托盘到位传感器	M2	2050	托盘皮带 3 控制	Y2	1282
皮带 1 传感器	M3	2051	电梯直降控制	Y3	1283
推杆气缸原点传感器	M4	2052	电梯上升	Y4	1284
挡板打开到位传感器	M5	2053	电梯下降	Y5	1285
夹紧气缸松开到位传感器	M6	2054	皮带 1 电机控制	Y6	1286
电梯运行状态检测	M7	2055	翻转挡板控制	Y7	1287
开始按钮	M8	2056	推杆气缸控制	Y10	1288
复位按钮	M9	2057	皮带 2 正转控制	Y11	1289
停止按钮	M10	2058	夹紧气缸控制	Y12	1290
电源急停按钮	M11	2059	挡板气缸控制	Y13	1291
自动状态	M12	2060	警示黄灯	Y14	1292
Factory 运行状态	M13	2061	开始状态指示灯	Y15	1293
托盘分流光电传感器	M14	2062	复位状态指示灯	Y16	1294
剔除光电传感器	M15	2063	停止状态指示灯	Y17	1295
			生产原料控制	Y20	1296
			生产托盘控制	Y21	1297
			剔除托盘控制	Y22	1298

表 20-2 三菱 PLC 软元件对应的 MODBUS 地址

寄存器访问数值型	MODBUS 地址（十进制）	软元件开关型	MODBUS 地址（十进制）
D0～D7999	0–7999	S0–S999	0–1023
D8000～D8255	8000–8255	X0–X377	1024–1279
T0～T255	12288–12543	Y0–Y3FF	1280–1535
C0–C199	16384–16583	T0–T255（输出状态）	1536–1791
C200–C255	16584–16695	M0–M1535	2048–3583
S0–S999	32768–32831	C0–C255（输出状态）	3584–3839
X0–X377	32832–32847	M8000–M8255	3840–4095
Y0–Y377	32848–32863	X0–X377（MODBUS TCP 可改输入状态）	61440–61695
T0–T255（输出状态）	32864–32879		
M0–M1535	32896–32991	AD 输入	61440–61449
C0–C255（输出状态）	32992–33007	DA 输出	61504–61513
M8000–M8255	33008–33023	脉冲输出数量	61568–61599

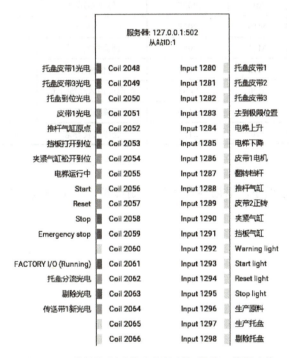

图 20-9　虚拟工厂 MODBUS 客户端通信设置及 I/O 配置图

配置好 I/O 端子后，回到驱动设置，将 MODBUS 的 I/O 数据与虚拟工厂堆垛系统 I/O 数据连接起来，例如托盘皮带 1 上的光电传感器对应 PLC 的 M0 数据，将托盘皮带 1 光电传感器信号拖拽至 2048 端口后松开鼠标即可，所有数据连接好后如图 20-10 所示。

完整程序

图 20-10　堆垛控制系统虚拟控制场景端口数据连接

2. 程序设计及调试

扫二维码查看参考程序，根据参考程序编制堆垛控制系统程序，并完成程序调试。

20.3　虚拟工厂立体仓库设计与调试

1. I/O 分配表

表 20-3 为虚拟工厂立体仓库控制 I/O 分配，其中控制按钮可以在虚拟工厂立体仓库的电气控制箱上操作，也可以在组态软件的触摸屏上进行操作。仓库号只能由触摸屏进行选择，操作时可以直接单击相应的仓库按钮，也可以直接输入仓库号。

表 20-3　虚拟工厂立体仓库控制 I/O 分配表

输入端			输出端		
元件	PLC 端口	MODBUS 地址	元件	PLC 端口	MODBUS 地址
供货台物品检测传感器	M0	2048	进货传送带 1 控制	Y0	1280
供货到位传感器	M1	2049	进货传送带 2 控制	Y1	1281
叉货工作台左限位传感器	M2	2050	叉车前行控制	Y2	1282
叉货工作台中间传感器	M3	2051	叉车后退控制	Y3	1283
叉货工作台右限位传感器	M4	2052	托盘抬升控制	Y4	1284
出货物品检测传感器	M5	2053	出货传送带 1 控制	Y5	1285
出货口检测传感器	M6	2054	出货传送带 2 控制	Y6	1286
X 移动到位传感器	M7	2055	开始指示灯	Y7	1287
Z 移动到位传感器	M8	2056	报警指示灯	Y10	1288
启动按钮	M9	2057	停止指示灯	Y11	1289
复位按钮	M10	2058	生产货料控制	Y12	1290
停止按钮	M11	2059	剔除货料控制	Y13	1291
急停按钮	M12	2060	复位指示灯	Y14	1292
手自动开关	M20	2068	触摸屏输入仓库位置	D0	0
入库按钮	M102	2150	仓库位置数据	D1	1
出库按钮	M103	2152	仓库有货标志	M41～M94	

2. 程序设计与调试

扫二维码查看参考程序，根据参考程序编制虚拟工厂立体仓库控制系统程序，并完成程序调试。

完整程序

项目 21　PLC 模拟量控制

学习目标

1. 掌握 FX_{3U}-3A-ADP 模拟量特殊适配器的数据读/写方法。
2. 掌握 FX_{3U}-3A-ADP 模拟量特殊适配器输入/输出端子的接线方法。
3. 学会 PLC 模拟量控制变频器调速电路的电路连接与程序设计。
4. 按照企业标准和工作规范开展控制系统设计任务,培养职业岗位素养。

项目描述

1. 变频器模拟量控制调速及测速

有一交流电动机,用变频器拖动控制,可以对其进行较大范围的连续调速,并通过人机界面进行控制。系统以触摸屏为人机界面,通过触摸屏设置速度、显示实时转速,并实现正转、反转、停止等控制功能。

触摸屏界面如图 21-1 所示。

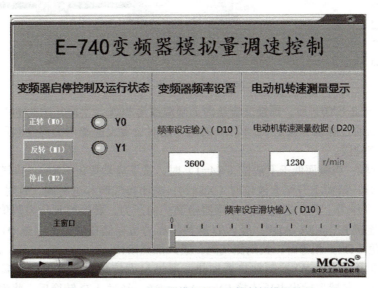

图 21-1　E-740 变频器模拟量调速控制触摸屏界面

控制要求如下:

1)变频器由外部电压提供频率信号,该电压模拟量信号由 PLC 模拟量模块 FX_{3U}-3A-ADP 提供,在触摸屏人机界面设定电动机转速数据寄存器的值,该值通过 PLC 模拟量输出模块转换后得到模拟量输出来控制变频器转速。

2)电动机测速采用旋转编码器,旋转编码器的 A 相信号连接到 PLC 输入端口,利用 PLC 高速输入端口对旋转编码器输入脉冲进行计数测量。选用的编码器分辨率为 1000,当电动机转速为 60r/min 时，每秒输出 1000 个脉冲。编码器输出的 A 相编码信号需送至 PLC 的 X0 这个具有高速计数器硬件的接口，以便完成高速脉冲接收和处理。编码器需要连接 PLC 本体输出的 24V 电源，输出的编码信号才能被 PLC 有效检测。

2. 模拟量控制反应釜加热加压

模拟量反应釜控制系统实训页面如图 21-2 所示。

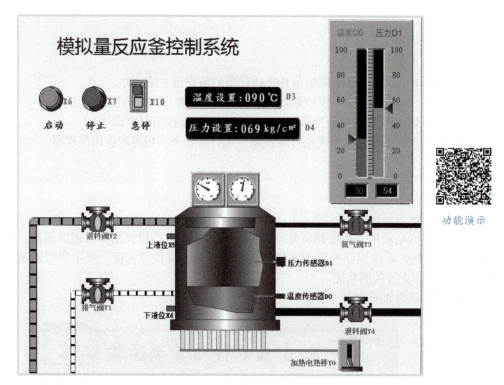

图 21-2　模拟量反应釜控制系统实训页面

按下启动按钮（X6）后，预设反应釜内上限温度为 90℃、上限压力为 60kg/cm²。在工作的过程中，可以通过触摸屏设定 D3 和 D4 的值，随时设置反应釜内的温度和压力值。反应釜工艺共分为三个阶段。

1）进料阶段：当液面低于下液位（X4=1）时，按下启动按钮（X6），排气阀（Y1）和进料阀（Y2）打开；液面上升至上液位时（X5=1），关闭排气阀和进料阀，延时 3s 打开氮气阀（Y3），反应釜内压力上升，通过压力传感器检测炉内压力，转换得到压力数值 0～10V。传感器输出电压连接 FX_{3U}-3A-ADP，经 A/D 转换将压力值存储在数据寄存器 D1 中，当该数值与预设的压力值（D4）相等时，关闭氮气阀，进入加热阶段。

2）加热阶段：输出 Y0 控制加热器加热，通过温度传感器检测反应釜温度，转换得到 0～10V 的电压，传感器输出电压连接 FX_{3U}-3A-ADP。经过 A/D 转换后，将温度值存储在数据寄存器 D0 中，当该数值与预设的温度值（D3）相等时，断开加热器开始降温，15s 后，进入泄放阶段。

3）泄放阶段：打开排气阀（Y1），气压下降，当压力降至 10kg/cm² 以下时，打开泄料阀（Y4），待液位下降至下液位（X4=1）时关闭排气阀和泄料阀，完成整个工作流程。

以上三个阶段为一个循环，系统自动循环工作，直到按下停止按钮，系统完成当前流程后停止。

项目实施

21.1 变频器模拟量控制调速及测速

1. I/O 分配

根据控制要求对输入、输出端口进行分配,见表 21-1。

表 21-1 变频器模拟量调速及测速 I/O 分配表

输入端		输出端	
元件	端口编号	元件	端口编号
旋转编码器 A 相	X0	电动机正转	Y0
正转按钮	M0	电动机反转	Y1
反转按钮	M1	控制转速模拟量电压输出	FX$_{3U}$-3A-ADP(输出通道)
停止按钮	M2		

2. I/O 接线图

根据模拟量调速及测速控制要求和上述 I/O 分配表,绘制模拟量调速控制系统的 I/O 接线图。如图 21-3 所示。

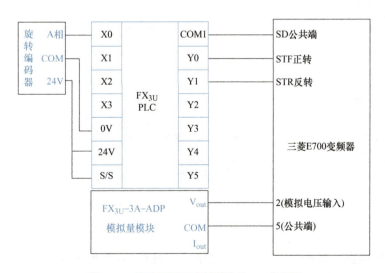

图 21-3 模拟量调速控制系统的 I/O 接线图

3. 变频器参数设定

参考三菱 E700 变频器操作手册,按表 21-2 设定相关参数。

4. 程序设计与调试

参考图 21-4 所示程序,完成变频器模拟量调速控制系统程序设计与调试。

表 21-2 变频器模拟量调速参数设置

序号	参数号	设置值	参数功能
1	P1	50	设定上限频率
2	P2	0	设定下限频率
3	P73	10	设置端子 2 输入 0～10V 模拟电压，可逆运行方式
4	P79	2	运行模式设置为外部模式
5	P125	50	设定输入模拟量电压为 10V 时对应的输出频率

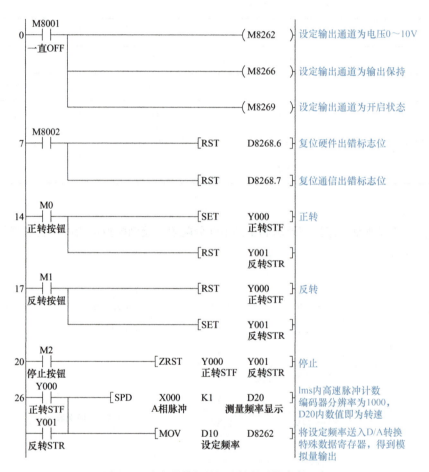

图 21-4 变频器模拟量调速控制系统参考程序

5. 电路安装与试运行

根据 I/O 接线图，完成电路连接，将程序写入 PLC，在触摸屏界面输入设定频率，起动电动机试运行，在触摸屏界面观察测量的电动机转速情况。

21.2 模拟量控制反应釜加热加压

1. I/O 分配

根据控制要求对输入、输出端口进行分配，见表 21-3。

项目 21　PLC 模拟量控制

表 21-3　模拟量反应釜控制系统 I/O 分配表

输入端		输出端	
元件	端口编号	元件	端口编号
下液位传感器 SQ1	X4	加热器控制 KM1	Y0
上液位传感器 SQ2	X5	排气阀控制 KA1	Y1
启动按钮 SB1	X6	进料阀控制 KA2	Y2
停止按钮 SB2	X7	氮气阀 KA3	Y3
急停按钮 SB3	X10	泄料阀 KA4	Y4

2. 程序设计

图 21-5 和图 21-6 所示为模拟量反应釜控制系统参考程序。

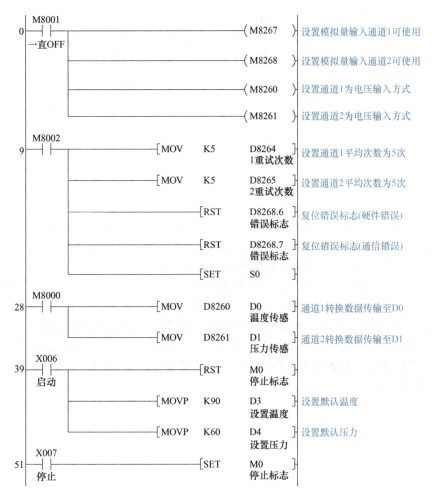

图 21-5　模拟量反应釜控制系统梯形图块程序

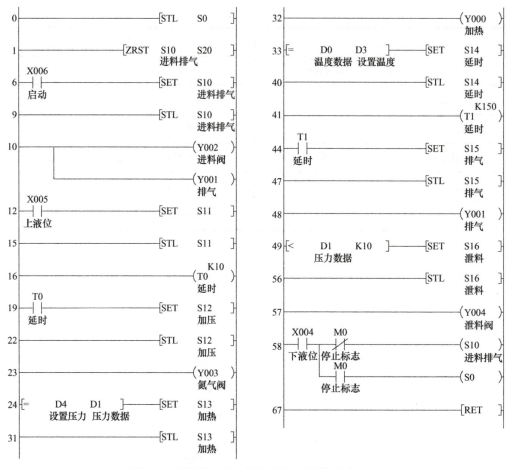

图 21-6 模拟量反应釜控制系统步进顺控参考程序

3. 系统的调试与运行

程序设计完成后，可以用仿真系统中的模拟量反应釜控制系统实训项目进行程序调试。实训项目中温度数据 D0 会随着加热装置的接通而逐渐上升，压力数据 D1 会随着氮气阀的打开而自动上升，可以不用外置传感器直接进行项目编程实训。

也可以使用真实温度传感器和压力传感器数据进行调试，温度传感器和压力传感器分别连接 FX$_{3U}$-3A-ADP 模拟量适配器通道 1 和通道 2 的电压输入端口，并连接真实 FX$_{3U}$ 系列 PLC。使用真实传感器数据时，可以另行分配数据寄存器来存储温度传感器和压力传感器数据（D0、D1 数据在仿真系统中会自动变化），为了让温度和压力的变换数据与实训页面上显示的数据对应，需要通过程序修改电压输入特性，具体可参考三菱 FX 系列 PLC 模拟量篇输入输出特性变更相关章节。

> 相关知识

21.3　FX$_{3U}$-3A-ADP 模拟量特殊适配器

在工业控制中，某些输入量（例如压力、温度、流量、转速等）是连续变化的模拟量，某些执行机构（例如伺服电动机、电动调节阀等）要求 PLC 输出模拟量信号，而 PLC 的

CPU 只能处理数字量。模拟量首先被传感器和变送器转换为标准量程的电流或电压,例如 4~20mA 和 0~10V,PLC 用模拟量输入模块中的 A/D 转换器将它们转换成数字量进行处理,模拟量输出模块中 D/A 转换器的数字输出量转换为模拟量电压或电流再去控制执行机构,例如变频器或电动调节阀等。

FX_{3U}-3A-ADP 模拟量适配器可连接在 FX3 系列 PLC 上,是一款具有 2 通道模拟量输入的和 1 通道模拟量输出的混合式特殊适配器。输入和输出都有直流电压方式(0~10V)和直流电流方式(4~20mA)两种可选。输入通道的 A/D 转换值被自动写入 PLC 的特殊数据寄存器中,输出通道的 D/A 转换值则根据 PLC 中特殊数据寄存器的值而自动输出。

1. 结构与端子分布图

FX_{3U}-3A-ADP 结构及端子分布如图 21-7 所示,FX_{3U} 系列 PLC 最多可连接 4 台 FX_{3U}-3A-ADP。

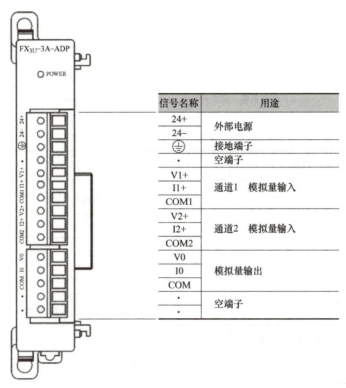

图 21-7 FX_{3U}-3A-ADP 结构及端子分布

2. 输入通道与输出通道的接线

图 21-8 所示为 FX_{3U}-3A-ADP 模拟量模块的接线图,模拟量的输入、输出线使用 2 芯的屏蔽双绞电缆,电缆需要与其他动力线或者易于受感应的线分开布线,输入通道在电流输入模式时,需将"V+"端子和"I+"端子短接。

3. 特殊辅助继电器与特殊寄存器

FX_{3U}-3A-ADP 连接 FX_{3U} 系列 PLC 时,特殊辅助继电器与特殊寄存器分配表见表 21-4 (以连接的第 1 台模拟量适配器为例)。

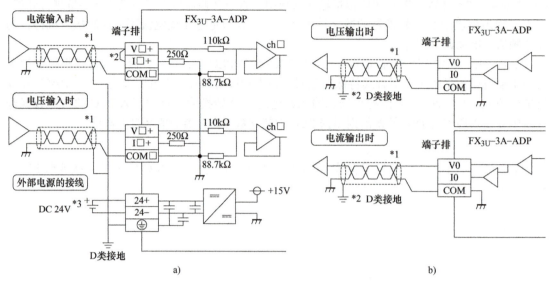

图 21-8　FX_{3U}-3A-ADP 模拟量模块接线图

a）模拟量输入通道的接线　　b）模拟量输出通道的接线

表 21-4　FX_{3U}-3A-ADP 特殊辅助继电器与特殊寄存器分配表

软元件	内容	设置说明	读写属性
M8260	通道 1 输入模式切换	OFF：电压输入 ON：电流输入	读写
M8261	通道 2 输入模式切换		读写
M8262	输出模式切换	OFF：电压输入 ON：电流输入	读写
M8266	输出保持解除设定	OFF：RUN→STOP 时，保持之前的模拟量输出； ON：可编程控制器 STOP 时，输出偏置值	读写
M8267	设定通道 1 是否使用	OFF：使用通道 ON：不使用通道	读写
M8268	设定通道 2 是否使用		读写
M8269	设定输出通道是否使用		读写
D8260	通道 1 输入数据	通道 1 输入数据	只读
D8261	通道 2 输入数据	通道 2 输入数据	只读
D8262	输出设定数据	输出设定数据	读写
D8264	通道 1 平均次数	通道 1 平均次数（2～4095）	读写
D8265	通道 2 平均次数	通道 2 平均次数（2～4095）	读写
D8268	错误状态	错误状态	只读

4. 输入输出特性

FX$_{3U}$-3A-ADP 输入输出特性如图 21-9 所示，输入模块当模拟量输入 0～10V 时，对应于数字 0～4000，输出模块对应数字 0～4000，输出电压 0～10V。

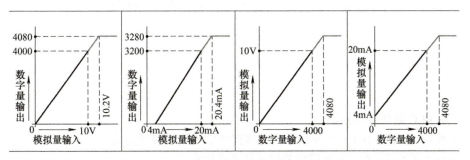

图 21-9　FX$_{3U}$-3A-ADP 输入输出特性

项目 22　PLC 连接通信

学习目标

1. 了解 PLC 通信基本知识。
2. 熟悉 FX_{3U}-485-BD 通信模块结构，掌握通信模块的接线方式。
3. 熟悉并联通信、N∶N 通信相关软元件及通信设置。
4. 能使用并联通信、N∶N 通信两种通信方式进行简单控制程序的编写。
5. 培养细心细致、严谨求真的工作作风。

项目描述

本项目分别实现 2 台 PLC 的并联通信和 3 台 PLC 的 N∶N 通信。

项目实施

22.1　并联通信

两台 FX_{3U} 系列 PLC 通过 RS-485 并联，实现指示灯的异地控制，要求通过第一台 PLC 的绿灯启动按钮（X1）控制第二台 PLC 的绿色指示灯（Y1），第二台 PLC 上的红灯启动按钮（X2）控制第一台 PLC 的红色指示灯（Y2）。

将第一台 PLC 作为主站，第二台 PLC 作为从站，安装图 22-1 所示硬件电路，参考图 22-2 所示程序，编写主站和从站控制程序，进行调试运行。

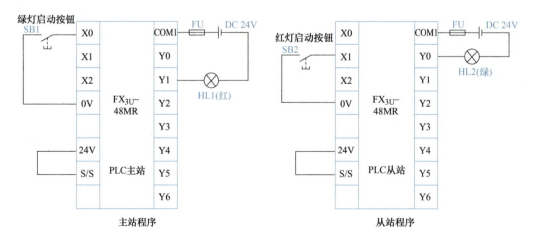

图 22-1　并联 PLC 指示灯异地控制 I/O 接线图

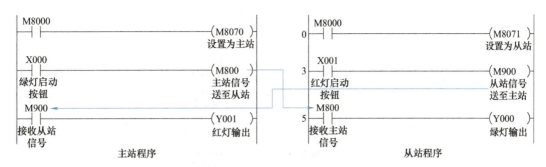

图 22-2　并联 PLC 指示灯异地控制参考程序

22.2　N∶N 通信

3 台 FX_{3U} 系列 PLC 通过 FX_{3U}-485-BD 通信板组建 N∶N 通信网络，1 台为主站，另外 2 台为从站，控制要求如下。

1）在主站按下启动按钮（X0），1 号站定时器 T0 启动，定时时间由主站 D0 给定，延时时间 3s，T0 定时时间到，启动 1 号站电动机（Y0），主站按下停止按钮（X1），1 号站电动机立即停止。

2）在 1 号站按下启动按钮（X0），2 号站定时器 T1 启动，定时时间由 1 号站 D10 给定，延时时间 5s，T1 定时时间到，启动 2 号站电动机（Y0），1 号站按下停止按钮（X0），2 号站电动机立即停止。

3）在 2 号站按下启动按钮（X0），主站定时器 T2 启动，定时时间由 2 号站 D20 给定，延时时间 8s，T2 定时时间到，启动主站电动机（Y0），1 号站按下停止按钮（X1），主站电动机立即停止。

在主站的程序中，设定刷新范围模式 1（可以访问每台 PLC 的 32 个位软元件和 4 个字软元件），重试次数为 3 次，监视时间为 50ms。

N∶N 网络连接如图 22-3 所示，3 台 PLC 的 I/O 接线图如图 22-4 所示。主站程序如图 22-5 所示，2 个从站程序如图 22-6 和图 22-7 所示。

图 22-3　N∶N 网络连接

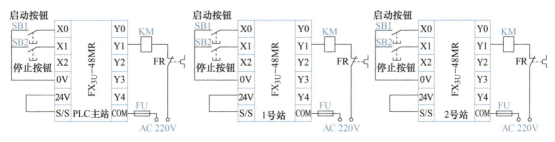

图 22-4　3 台 PLC 组建 N∶N 网络的 I/O 接线图

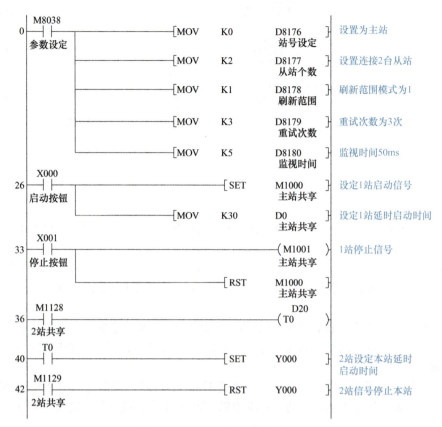

图 22-5 N∶N 网络控制主站程序

图 22-6 N∶N 网络控制 1 号从站程序

图 22-7 N∶N 网络控制 2 号从站程序

N∶N 网络的设定程序必须从第 0 步开始用 M8038 的常开触点开始编写，否则不能执行 N∶N 网络功能。站号必须连续设置，如果有空的站号或者重复的站号，则不能正常连接。

编写好各站程序后，下载至各自的 PLC，将所有 PLC 的电源全部断开，再统一上电。正常通信时，各 RS-485 通信适配器内置的 SD 和 RD 指示灯应闪烁。FX_{3U} 系列 PLC 可以使用两个通道，使用通道 2 时，需将 M8179 置 ON，但是两个通道不要同时使用 N∶N 网络或者分别同时使用并联通信和 N∶N 网络。

相关知识

22.3　PLC 通信基础知识

1. PLC 通信

通信是指一地与另外一地之间的信息传递。PLC 通信是指 PLC 与计算机、PLC 与 PLC、PLC 与人机界面、PLC 与变频器、PLC 与其他智能设备之间的数据传递。

1）传送设备：包括发送、接收设备。

2）主设备：起控制、发送和处理信息的主导作用。

3）从设备：被动地接收、监视和执行主设备的信息，主、从设备在实际通信时由数据传送的结构来确定。

4）传送控制设备：主要用于控制发送与接收设备之间的同步协调，通信介质是信息传送的基本通道，是发送与接收设备之间的桥梁。

5）通信协议：通信过程中必须严格遵守的各种数据传送规则，采用通信协议的通信软件用于对通信方的软件和硬件进行统一调度、控制与管理。

2. 通信方式

传输数据信息时，通信方式按同时传送的位数分，可分为并行通信和串行通信。

1）并行通信：并行通信是指所传送的数据以字节或字为单位，同时发送或接收。并行通信除了数据线、公共线外,还需要有通信双方联络用的控制线。并行通信传送速度快,但是传送线的根数多,抗干扰能力较差,一般用于近距离基本单元、扩展单元和特殊功能模块之间的数据传送。

2)串行通信:串行通信以二进制的位为单位,一位一位地顺序发送或接收数据。串行通信只需要两条传送线,传送速度较慢,适合多数位、长距离通信。PLC 有专用的串行通信端口,如 RS-232C 或 RS-485 端口。在工业控制中,一般采用串行通信方式。

串行通信又可以分为同步通信和异步通信两类。

1)同步通信:同步通信传输速度快,但是同步通信要求发送端和接收端严格保持同步,这需要复杂的电路来保证,PLC 不采用这种通信方式。

2)异步通信:在异步通信中,数据通常以字符或者字节为单位组成字符帧进行传送。字符发送端逐帧发送,通过传输线被接收设备逐帧接收。发送端和接收端可以由各自的时钟来发送和接收,这两个时钟源彼此独立,互不同步。串行通信的帧数据有一定的格式,它由起始位、奇偶校验位和停止位组成,PLC 与其他设备通信主要采用串行异步通信方式。

3. PLC 常用串行通信标准

PLC 通信主要采用串行异步通信,常用的串行通信标准有 RS-232C、RS-422 和 RS-485 等。RS-232C 是目前计算机和 PLC 中最常用的一种串行通信端口,它是美国电子工业协会(EIA)于 1969 年公布的通信协议。RS-232C 端口规定使用 25 针连接器或 9 针连接器,它采用单端驱动非差分接收电路,因而存在着传输距离不太远(最大 15m)和传输速度不太高(最高 20kbit/s)的问题。针对 RS-232C 标准存在的问题,EIA 制定了新的串行通信标准 RS-422,它采用平衡驱动差分接收电路,抗干扰能力强,传输速度为 100kbit/s 时,最大通信距离为 1200m。RS-422 采用全双工,而 RS-485 则采用半双工。RS-485 是一种多主发送器标准,在通信线路上最多可以使用 32 对差分驱动器/接收器,传输线采用差分信道,干扰抑制性极好,又因为其阻抗低、无接地问题,所以传输距离可达 1200m,传输速度可达 10Mbit/s。

4. 计算机、PLC、变频器及触摸屏之间的通信端口

1)计算机目前采用 RS-232 通信。

2)三菱 FX3U 系列 PLC 目前采用 RS-422 通信。

3)三菱 FR 变频器采用 RS-422 通信。

4)计算机与三菱 FX 系列 PLC 之间通信必须采用带有 RS-232/422 转换的 SC-09 专用通信电缆;而 PLC 与变频器之间的通信,由于通信端口不同,需要在 PLC 上配置 FX$_{3U}$-485-BD 通信板。

5. FX$_{3U}$-485-BD 通信板

利用 FX$_{3U}$-485-BD 通信板,可以进行 PLC 之间的数据通信,也可以进行 PLC 与变频器之间的数据通信。FX$_{3U}$-485-BD 通信板的构成与接口定义如图 22-8 所示,模块有内置终端电阻,可用终端电阻切换开关设置是否使用。

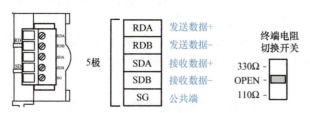

图 22-8　FX$_{3U}$-485-BD 通信板的构成与接口定义

RS-485 设备之间有一对连接线和两对连接线两种接线方式，当使用一对连接线时（图 22-9），只能进行半双工通信，使用两对接线方式时（图 22-10），可以进行全双工通信。

为提高数据传输质量，减少干扰，需要在始端、终端设备 RDA、RDB 端接上终端电阻。

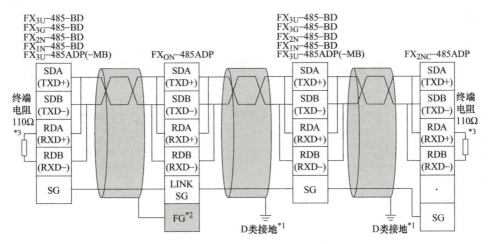

图 22-9　RS-485 通信：一对连接线接线方式

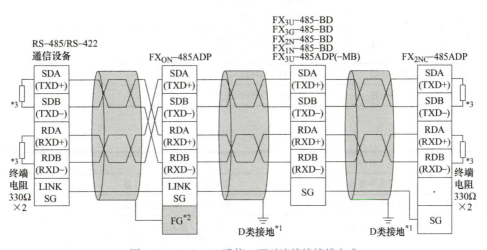

图 22-10　RS-485 通信：两对连接线接线方式

22.4　并联通信相关知识

并联通信用来实现两台 FX 系列 PLC 之间的数据自动传送，系统可以使用 RS-485 通信适配器连接（连接方式如图 22-11 所示），主站和从站之间通过周期性的自动通信，用 100 个辅助继电器和 10 个数据寄存器实现数据的交互和共享。

并联通信有普通模式和高速模式之分，高速模式与普通模式相比，通信快，数据交互软元件少，高速模式下只有 4 个点的数据寄存器参与数据交换。PLC 用特殊辅助继电器 M8162 来设置工作模式。两种模式的比较见表 22-1。

并联相关通信设定用、通信状态用软元件编号及相关设置内容，见表 22-2。

站号	普通并联模式		高速并联模式	
	位软元件(M)	字软元件(D)	位软元件(M)	字软元件(D)
	各站100点	各站10点	0点	各站2点
主站	M800～M899	D490～D499	—	D490, D491
从站	M900～M999	D500～D509	—	D500, D501

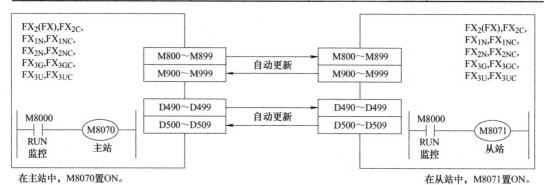

图 22-11　并行通信参与数据交互的辅助继电器和数据寄存器

表 22-1　普通模式与高速模式的比较

连接模式	数据交互	通信软元件（FX$_{3U}$）	通信时间
普通模式 M8162=OFF	主站→从站	M800～M899（100点） D490～D499（10点）	15ms+ 主站扫描时间 + 从站扫描时间
	从站→主站	M900～M999（100点） D500～D509（10点）	
高速模式 M8162=ON	主站→从站	D491、D492（2点）	5ms+ 主站扫描时间 + 从站扫描时间
	从站→主站	D500、D501（2点）	

表 22-2　与并联相关的特殊辅助继电器

软元件	名称	内容	备注
M8070	设定为并联的主站	置 ON 时，作为主站连接	通信设定用软元件
M8071	设定为并联的从站	置 ON 时，作为从站连接	
M8162	高速并联模式	置 ON，高速通信模式	
M8178	通道的设定	OFF：通道 1　ON：通道 2	
M8072	并联运行中	并联运行中置 ON	通信状态用软元件
M8073	主站 / 从站的设定异常	主站或从站的设定内容中有误时置 ON	
M8063	通信错误	通道 1 串行通信错误时置 ON	
M8438	通信错误	通道 2 串行通信错误时置 ON	

22.5　N∶N 通信相关知识

　　FX$_{3U}$ 系列 PLC 的 N∶N 通信支持用一台 PLC 作为主站进行网络控制，通过 RS-485 连接在一起，最多连接 7 个从站，组成一个小型的通信系统，系统中的各个 PLC 能够通过相互连接的软元件进行数据共享，达到协同运行的要求。

每台 PLC 都分配有自己共享的辅助继电器和数据寄存器，对于某一台 PLC 来说，分配给它的共享数据区的数据可以自动传送到其他站的相同区，这些数据也是其他站自动传送来的，每台 PLC 就像读取自身的数据区一样，使用其他站自动传来的数据。共享数据区中的数据与其他 PLC 中的对应数据有一定延时，延时时间与站数及数据量有关，一般为 18～131ms。

FX 不同型号的 PLC 可以组建 N∶N 网络，N∶N 通信共有模式 0、模式 1、模式 2 三种工作模式。表 22-3 为 N∶N 网络通信共享辅助继电器和数据寄存器在三种工作模式下的分配。

表 22-3　N∶N 网络通信共享的辅助继电器和数据寄存器分配

站号		模式 0		模式 1		模式 2	
		位软元件（M）	字软元件（D）	位软元件（M）	字软元件（D）	位软元件（M）	字软元件（D）
		0 点	各站 4 点	各站 32 点	各站 4 点	各站 64 点	各站 8 点
主站	站号 0	—	D0～D3	M1000～M1031	D0～D3	M1000～M1063	D0～D7
从站	站号 1	—	D10～D13	M1064～M1095	D10～D13	M1064～M1127	D10～D17
	站号 2	—	D20～D23	M1128～M1159	D20～D23	M1128～M1191	D20～D27
	站号 3	—	D30～D33	M1192～M1223	D30～D33	M1192～M1255	D30～D37
	站号 4	—	D40～D43	M1256～M1287	D40～D43	M1256～M1319	D40～D47
	站号 5	—	D50～D53	M1320～M1351	D50～D53	M1320～M1383	D50～D57
	站号 6	—	D60～D63	M1384～M1415	D60～D63	M1384～M1447	D60～D67
	站号 7	—	D70～D73	M1448～M1479	D70～D73	M1448～M1511	D70～D77

以模式 1 为例，如果要用主站（0 号站）的 X0 控制 3 号站的 Y1，可以在 0 号站编写程序，X0 控制输出 M1000，各个站中 M1000 的状态与主站 M1000 的状态相同，3 号站编写程序，由 M1000 控制输出 Y1，这样就相当于用主站的 X0 控制了 3 号站的 Y1。

组建 N∶N 网络，必须设定软元件，N∶N 网络的特殊软元件见表 22-4，除了站号，其余参数均由主站设置。D8178 设置的刷新范围模式适用于所有工作站，用 M8179 设定使用的串行通信通道，在主站程序中，可以用 M8184～M8190 的常开触点控制显示从站通信故障的指示灯。

表 22-4　N∶N 网络的特殊软元件

软元件	名称	内容	初始值
M8038	参数设定	设定通信参数用的标志位	
M8179	通道设定	OFF：使用通道 1；ON：使用通道 2	
M8183	主站数据传送序列错误	发生错误时为 ON	
M8184～M8190	主站数据传送序列错误	1～7 站数据传输发生错误时为 ON	
M8191	正在执行数据传送序列	正在执行 N∶N 数据传送时为 ON	
D8176	站号设定	主站为 0，从站为 1～7	0
D8177	从站个数	设置要进行通信的从站个数（1～7）	7
D8178	刷新范围模式	相互通信的软元件点数的模式（0～2）	0
D8179	重试次数	通信出错时的自动重试次数（0～10）	3
D8180	监视时间	用于判断通信异常的时间（5～255）	5

项目 23　PLC 高速计数器与高速处理指令

学习目标

1. 了解 PLC 高速计数器的基本知识。
2. 了解旋转编码器相关知识及其应用。
3. 熟悉高速处理指令的简单应用。
4. 学会用脉冲输出指令对步进电动机进行简单定位控制。
5. 培养细心细致、严谨求真的工作作风。

项目描述

该项目包含编码器控制的传送机构行程检测和显示、使用脉冲输出指令实现步进电动机的控制两个任务。

项目实施

23.1　编码器控制的传送机构行程检测和显示

某传送机构由电动机带动，电动机正转，传送机构右行，电动机反转，传送机构左行。电动机转轴上安装有旋转编码器，旋转编码器输出 A 相和 B 相信号，指示旋转方向和行程。旋转编码器每输出 1000 个脉冲，传送机构位移行程 1cm。在传送机构原位，安装有限位开关 SQ1，连接 PLC 输入端 X2，用于复位高速计数器。

控制要求如下：按下正转启动按钮，传送机构右行，至 10cm 行程时（由编码器输出脉冲信号来定位行程），点亮 10cm 行程指示灯，到达 20cm 行程时，点亮 20cm 行程指示灯，以此类推，直至到达 50cm 行程，点亮 50cm 行程指示灯，此时控制传送机构停止运行。按下反转按钮，传送机构左行返回，返回至 40cm 行程时，复位 50cm 行程指示灯，以此类推，直至到达原位，复位 10cm 行程指示灯，此时控制传送机构停止，利用原位限位开关复位高速计数器当前值。

图 23-1 所示为传送机构行程检测和显示 I/O 接线图，按照接线图连接电路，参考图 23-2 所示程序，完成程序的设计并完成传送机构的调试与运行。

电动机正转时，旋转编码器 A 相脉冲相位超前 B 相 90°，高速脉冲计数器为加计数方式，电动机反转时，旋转编码器 B 相脉冲相位超前 A 相 90°，高速脉冲计数器为减计数方式，根据高速计数器里面的当前值可以判断传送机构的行程。

高速计数采用带复位端输入的 C252 编号双相双输入高速计数器，编码器 A 相连接 PLC 的 X0 端口，B 相连接 X1 输入端口，原位限位作为复位端输入信号，连接 X2 输入端口。每次返回原位时，都对计数器当前值进行复位，减少利用高速计数器当前值进行行程定位的累计误差。

项目 23　PLC 高速计数器与高速处理指令

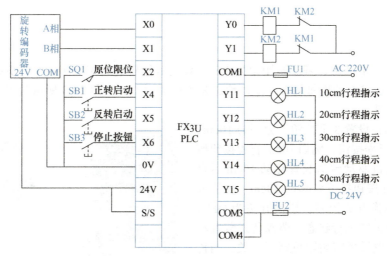

图 23-1　传送机构行程检测和显示 I/O 接线图

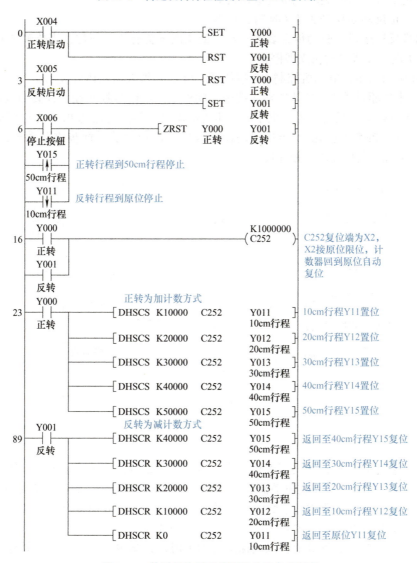

图 23-2　传送机构行程检测及显示参考程序

23.2 使用脉冲输出指令实现步进电动机的控制

某两相步进电动机，基本步距角为 1.8°，设定运行转速为 180r/min，此步进电动机驱动某传送装置，步进电动机每旋转 5 圈，传送装置行程为 1cm。图 23-3 所示为步进驱动器与步进电动机外观图。

控制要求：设置 3 个按钮，分别为 10cm、20cm、30cm 行程按钮，例如 10cm 行程按钮按下，步进电动机驱动传送装置移动 10cm 后自动停止，30cm 按钮按下则移动 30cm。位移方向由正反转切换开关控制，切换开关为 OFF，步进电动机为正转运行状态，驱动传送装置右行，在右限位位置设置有右限位行程开关，当传送装置触碰右限位行程开关时，步进电动机必须立即停止。正反转切换开关为 ON 时，设置

图 23-3　步进驱动器与步进电动机

为步进电动机反转运行，驱动传送装置左行，最左侧设置有原位限位，当传输装置左行触碰原位限位开关时，步进电动机立即停止。

图 23-4 所示为步进电动机控制 I/O 接线图，PLC 必须采用晶体管输出型，型号为 FX_{3U}-32MT/ESS。步进驱动器 CP 是脉冲输入端子，DIR 是方向信号控制端子，其 DIR+ 端子输入高电平时，步进电动机反转，为低电平时，步进电动机正转。选用的 PLC 为源型输出，其输出信号是 +24V（PNP 型接法），步进驱动器应采用共阴极接法，即步进驱动器的 CP- 端和 DIR- 端子与电源的负极性端子相连接。

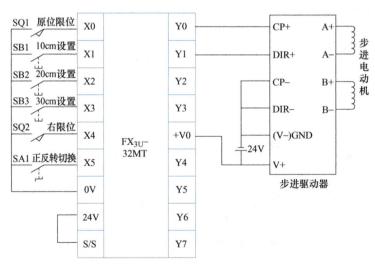

图 23-4　步进电动机控制 I/O 接线图

步进驱动器上可以通过拨码开关设置步进电动机的细分值和输出电流。本例中的步进电动机基本步距角为 1.8°，将步进驱动器步距设置为 2 细分，则细分后的步距角变为 0.9°，即步进电动机每旋转 1 周，需要 400 个脉冲。步进驱动器有多个细分档位可以选择，如果对转速要求较高，且对精度和平稳性要求不高的场合，不必选择高细分，在实际使用时，转速很低的情况下，应选择较大的细分值，以确保运行的平滑性，减少振动和噪声。另外，步进驱动器需要设置输出电流与步进电动机额定电流一致。

该步进电动机步距角为1.8°，驱动器步距细分为2，每400个脉冲旋转一周，设定转速为180r/min，每秒转3圈，需要1200个脉冲，PLSY指令输出脉冲频率设定为1200Hz，步进电动机每转5圈传送装置行程1cm，行程10cm需要的脉冲数量为20000个，指定脉冲数输出完成后，指令完成标志M8029置位，控制运行标志复位。程序中输出脉冲的个数超过16位指令处理数据的最大值，需要用32位指令DPLSY，根据任务分析编写控制程序，如图23-5所示。

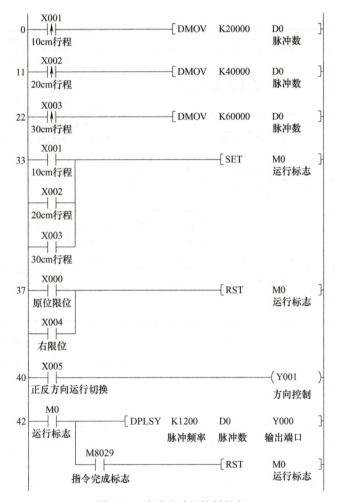

图23-5　步进电动机控制程序

相关知识

23.3　高速计数器

在工业控制的很多场合中，PLC需要处理一些高速脉冲信号，例如对旋转编码器输出的高速脉冲信号进行计数，检测运动行程或者转速。PLC普通计数器的计数过程与扫描工作方式有关，PLC只在输入处理阶段对输入信号脉冲上升沿进行检测，一般只能处理几十赫兹的输入脉冲信号，当被测信号频率较高时，将会丢失计数脉冲。高速计数器的计数过程与PLC的扫描工作方式无关，采用硬件计数或者中断方式来完成预定的操作。FX_{3U}系列PLC提供了计数频率高达100kHz的计数器。

FX$_{3U}$ 系列 PLC 有三种类型的高速计数器，见表 23-1，包括单相单输入高速计数器、单相双输入高速计数器、双相双输入高速计数器。这三种类型的高速计数器都是 32 位增减计数器，最大计数值为 2147483647，当计数值到达 2147483647 时，如果输入一个增计数脉冲，计数器当前值会变为 –2147483648，计数值为 –2147483648 时，如果输入一个减计数脉冲，计数器当前值会变为 2147483647，高速计数器为环形计数器。

表 23-1　FX$_{3U}$ 系列 PLC 的高速计数器

输入类型	输入信号形式	计数方向
单相单输入 C235～C245	加/减	通过 M8235～M8245 的 ON/OFF 来指定增计数或减计数 ON：减计数 OFF：增计数
单相双输入 C246～C250	加 / 减	进行增计数或减计数。其计数方向可以通过 M8246～M8250 进行设置。 ON：减计数 OFF：增计数
双相双输入 C251～C255	1 倍 / 4 倍 A相 B相 正转时 反转时	进行增计数或减计数。其计数方向可以通过 M8251～M8255 进行设置。 ON：减计数 OFF：增计数 C251、C252、C254 的 4 倍频由 M8198 切换 C253、C255 的 4 倍频由 M8199 切换

三种高速计数器的软元件编号及对应输入端子见表 23-2，其中，H/W 代表硬件计数器类型，S/W 代表软计数器类型，U 代表增计数，D 代表减计数，A 代表 A 相输入，B 代表 B 相输入，R 代表外部复位输入，S 代表外部启动输入。

表 23-2　高速计数器软元件编号及对应输入端子

输入类型	计数器编号	类型	输入端子的分配							
			X000	X001	X002	X003	X004	X005	X006	X007
单相单输入	C235	H/W	U/D							
	C236	H/W		U/D						
	C237	H/W			U/D					
	C238	H/W				U/D				
	C239	H/W					U/D			
	C240	H/W						U/D		
	C241	S/W	U/D	R						
	C242	S/W			U/D	R				
	C243	S/W					U/D	R		
	C244	S/W	U/D	R					S	
	C244（OP）	H/W							U/D	
	C245	S/W				U/D	R			S
	C245（OP）	H/W								U/D

(续)

输入类型	计数器编号	类型	输入端子的分配							
			X000	X001	X002	X003	X004	X005	X006	X007
单相双输入	C246	H/W	U	D						
	C247	S/W	U	D	R					
	C248	S/W				U	D	R		
	C248（OP）	H/W				U	D			
	C249	S/W	U	D	R				S	
	C250	S/W				U	D	R		S
双相双输入	C251	H/W	A	B						
	C252	S/W	A	B	R					
	C253	H/W				A	B	R		
	C253（OP）	S/W				A	B			
	C254	S/W	A	B	R				S	
	C255	S/W				A	B	R		S

例如使用单相高速计数器 C235 时，X0 端口占用；使用高速计数器 C255 时，X3、X4、X5、X7 端口占用。程序设计时，其他功能程序不能再重复使用这些被占用的输入端口。

23.3.1 单相单输入高速计数器

单相单输入高速计数器编号为 C235～C240、C241～C243（有复位输入）、C244～C245（有复位和外部启动输入）。用特殊辅助继电器 M8235～M8245 来设置 C235～C245 的计数方向，例如，控制 C235 计数方式的特殊辅助继电器为 M8235，M8235 为 ON 时为减计数，为 OFF 时为加计数。

当使用 C235 单相计数器时，它接收来自输入端 X0 的高速脉冲信号，当使用高速计数器时，使用常为 ON 的触点驱动线圈，例如 M8000，如图 23-6a 所示。跟普通计数器不同，高速计数器不是用计数器对应的输入端口触点驱动线圈，例如图 23-6b 中，高速计数器用指定输入继电器编号触点驱动，用 X0 触点驱动 C235 线圈，是错误的程序，高速计数器不能正确进行计数。

图 23-6 高速计数器的线圈驱动设置

a）驱动条件的设置（正确） b）指定输入继电器触点驱动（错误）

如图 23-7 所示程序，单相单输入高速计数器 C235，指定输入端口为 X0，梯形图程序中，驱动条件是 X11，X11 为计数启动控制，实际上高速计数脉冲是由 X0 端口提供的，这点与普通计数器的使用方式不同。C235 计数方向由 M8235 控制，M8235 为 OFF，为加计数，M8235 为 ON，为减计数。当 C235 当前值为 1000 时，计数器 C235 的输出触点变为 ON，当前值小于 1000 时，输出触点变为 OFF。C244 计数器则为带复位端的高速计数器，分配的复位端子为 X2，X2 为 ON 时，C244 复位，也可以编程由其他条件进行复位。C244 计数值由 D0 间接指定，由 D0、D1 值组成的 32 位数据指定计数值。

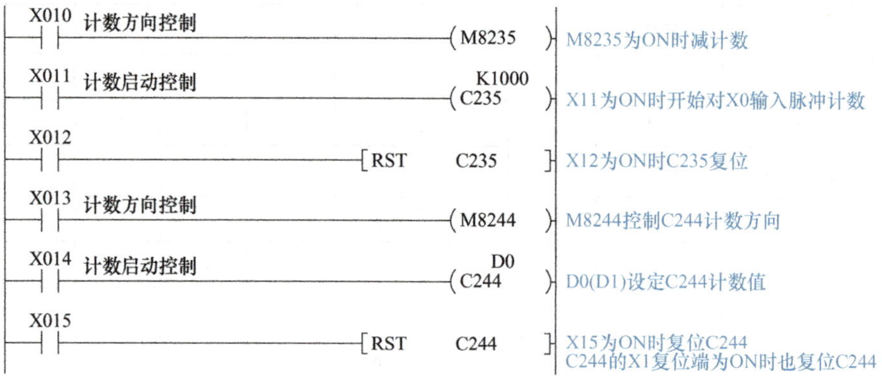

```
X010  计数方向控制
──┤├──────────────────────( M8235 )    M8235为ON时减计数

X011  计数启动控制                K1000
──┤├──────────────────────( C235 )     X11为ON时开始对X0输入脉冲计数

X012
──┤├──────────────[ RST   C235 ]       X12为ON时C235复位

X013  计数方向控制
──┤├──────────────────────( M8244 )    M8244控制C244计数方向

X014  计数启动控制                 D0
──┤├──────────────────────( C244 )     D0(D1)设定C244计数值

X015
──┤├──────────────[ RST   C244 ]       X15为ON时复位C244
                                       C244的X1复位端为ON时也复位C244
```

图 23-7　单相单输入高速计数器

23.3.2　单相双输入高速计数器

单相双输入高速计数器（C246～C250）有一个加计数器输入端和一个减计数器输入端。如图 23-8 所示程序，高速计数器 C246 的加、减计数输入端分别为 X0 和 X1。X11 为计数器启动控制，X11 为 ON，C246 处于计数状态时，在 X0 输入脉冲的上升沿，C246 计数器的当前值加 1；在 X1 输入脉冲的上升沿，计数器的当前值减 1。C248 为带复位端的高速计数器，分配的复位端为 X5，X3 和 X4 则分别为加计数和减计数脉冲输入端。

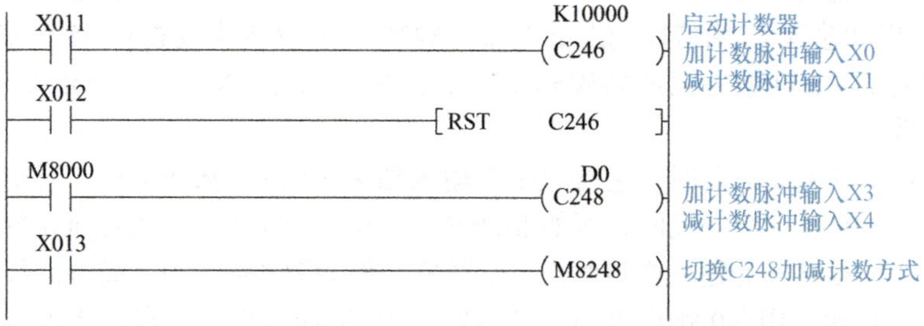

```
X011                      K10000
──┤├──────────────────( C246 )    启动计数器
                                  加计数脉冲输入X0
X012                              减计数脉冲输入X1
──┤├──────────[ RST   C246 ]

M8000                       D0
──┤├──────────────────( C248 )    加计数脉冲输入X3
                                  减计数脉冲输入X4
X013
──┤├──────────────────( M8248 )   切换C248加减计数方式
```

图 23-8　单相双输入高速计数器

23.3.3　双相双输入高速计数器

双相双输入高速计数器（C251～C255）有 A 相和 B 相两个计数输入端，一般连接旋转编码器输出的 A 相和 B 相（相位差 90°）。电动机正转，旋转编码器输出信号 A 相超前 B 相 90° 时进行加计数；电动机反转，旋转编码器输出信号 B 相超前 A 相 90° 时，进行减计数。如图 23-9 所示双相双输入高速计数器程序，C251 默认为 1 倍频高速计数器，由输入到 X0、X1 端口的 A、B 相脉冲的相位决定是加计数还是减计数。M8251 为 C251 高速计数器加减计数监视用特殊辅助继电器，当 C251 为减计数状态时，M8251 为 ON，为加计数状态时，M8251 为 OFF。

高速计数器还可以设置为 4 倍频计数，例如图 23-9 所示程序中的 C252 为 4 倍频工作方式，由特殊辅助继电器 M8198 进行倍频切换控制：M8198 为 ON 时，C252 为 4 倍频工作方式，M8198 为 OFF 时，则为默认的 1 倍频工作方式。

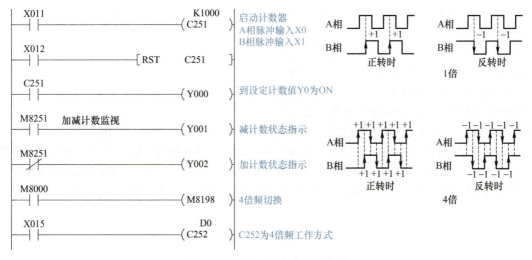

图 23-9 双相双输入高速计数器

23.4 高速处理指令

23.4.1 高速计数器比较置位指令 HSCS

HSCS 为高速计数器比较置位指令，为 32 位指令。当高速计数器的当前值达到设定值时，以中断方式将目标操作数（D·）指定输出的软元件置位。源操作数（S1·）可以取所有类型的数据，源操作数（S2·）为 C235～C255，目标操作数（D·）可以为 Y、M、S。

23.4.2 高速计数器比较复位指令 HSCR

HSCR 为高速计数器比较复位指令，为 32 位指令。当高速计数器的当前值达到设定值时，以中断方式将目标操作数（D·）指定输出的软元件复位。源操作数（S1·）可以取所有类型数据，源操作数（S2·）为 C235～C255，目标操作数（D·）可以为 Y、M、S。

图 23-10 中，C235 的设定值为 K1000，当 C235 当前值由 999 变为 1000 或者由 1001 变为 1000 时，用中断方式让 Y0 立即置位。如果 C235 当前值是被强制置为 1000 的，则不会对 Y0 执行置位。

当 C255 当前值由 499 变为 500 或者由 501 变为 500 时，用中断方式让 Y1 立即复位。如果 C255 的当前值是被强制置为 500 的，则不会对 Y1 执行复位。

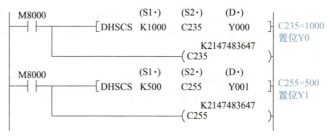

图 23-10 高速计数器置位与复位指令

23.4.3 脉冲输出指令 PLSY

PLSY 指令用于产生指定个数和频率的脉冲，该指令在程序中只能使用一次。

源操作数（S1·）用于指定脉冲频率，（S2·）用于指定脉冲个数，两个源操作数可以取所有字软元件及整数常数，若指定的脉冲数为 0，则为持续产生脉冲方式。目标操作数（D·）指定脉冲输出端口，只可以设置为 Y0 或者 Y1，脉冲为高速脉冲输出，只能连接晶体管输出型 PLC 输出端口，或者连接高速输出特殊适配器输出端口，输出脉冲占空比为 50%。

如图 23-11 所示脉冲输出指令程序，X10 接通时，在 Y0 端口输出频率为 1kHz，D0 里面的数值为输出脉冲数量。当完成设定数量的输出脉冲后，指令执行完成标志 M8029 置 1。当 X10 由 ON 变为 OFF 时，M8029 复位，X10 再次为 ON，重新开始输出脉冲，在脉冲

图 23-11　脉冲输出指令

串发出期间，未达到设定输出数量时，X10 变为 OFF，会立即停止脉冲输出。

FX$_{3U}$ 系列 PLC 基本单元的最高输出频率为 100kHz，Y0 和 Y1 输出脉冲的个数可以分别用 32 位数据寄存器（D8141，D8140）和（D8143，D8142）来监视。特殊辅助继电器 M8349 和 M8359 用于脉冲输出控制，如果 M8349 和 M8359 为 ON，则 Y0 和 Y1 停止输出脉冲。

模块六习题

一、填空题

1. FX$_{3U}$-3A-ADP 模拟量适配器，当需要设定输入通道 1 为电压输入时，特殊辅助继电器 M8260 为_____，通道 1 输入的电压为 0～10V 时，A/D 转换后的数值为_____，转换以后的数据存储在_____中；设置输出通道为电流输出，需设置特殊辅助继电器_____，需要进行模拟量转换的数据在_____中进行设定。

2. FX$_{3U}$ 系列 PLC 三种类型的高速计数器包括_____、_____、_____。

3. 单相单输入高速计数器 C235 设置为减计数方式，需设置_____。

4. 双向双输入高速计数器 C252 加计数脉冲由_____端输入，减计数脉冲由_____端输入，复位端分配的端口是_____。

5. 三菱 FX 系列 PLC 的 16 位脉冲输出指令是 PLSY S1 S2 D，其中源操作数 S1 设定的是_____，源操作数 S2 设定的是_____，目标操作数 D 设定的是_____，目标对象只能设置成_____和_____。

6. 某步进电动机基本步距角为 1.8°，步进驱动器步距细分为 4，该步进电动机旋转一周，需要输出_____个脉冲。如果转速设定为 120r/min，PLSY 指令输出脉冲设定的频率为_____Hz。如电动机与丝杠相连，丝杠螺距为 2mm，行程为 5cm，PLSY 输出脉冲数是_____个。

7. 在 PLC 普通并联通信中，主站共享给从站的位软元件编号是_____，字软元件编号是_____，从站共享给主站的位软元件编号是_____，字软元件编号是_____。

8. N：N 网络通信中，特殊数据寄存器_____用于站号设定，特殊辅助寄存器_____用于从站个数设定，最多可以设置_____个从站。

二、思考题

为什么远距离传送模拟量信号时应采用电流信号，而不是电压信号？

三、设计题

使用脉冲调制指令 PWM 实现灯的亮度控制，灯的额定电压是 DC 24V，由一个按钮控制灯的亮度和亮灭，第一次按下按钮为第 3 档亮度，灯的电压为 12V，第二次按下按钮为第二档亮度，灯的电压为 18V，第三次按下按钮为第三档亮度，灯电压 24V，再按下一次按钮，灯熄灭，查阅编程手册 PWM 指令，用该指令编程实现此功能。

附　录

附录 A　任务考核评价标准

表 A　任务考核评价标准

一级指标	二级指标	考核要求	得分
系统设计（20%）	1. 绘制 I/O 分配表（10%）	根据控制要求确定所需 I/O 点数，并进行 I/O 地址分配	
	2. 绘制 I/O 接线图（10%）	熟练绘制 PLC 外围控制电路图	
程序设计及仿真系统平台运行与调试（25%）	1. 指令的应用（5%）	熟练掌握任务相关指令的应用	
	2. 编程软件的使用（5%）	熟练掌握程序的编制、下载、监视等	
	3. 通信配置正确（5%）	掌握仿真系统、编程软件、PLC 模拟器的通信配置，会使用 PLC 模拟器及仿真系统进行程序调试	
	4. 程序的调试运行（10%）	进行程序设计，并根据任务要求进行程序调试，实现其控制功能	
线路安装（15%）	1. 正确选择元器件（5%）	按要求正确选择元器件	
	2. 正确安装电路（10%）	元件布置合理，安装牢固，配线符合工艺要求，布线紧固、美观	
真实设备整体运行与调试（28%）	1. 通信配置正确（4%）	掌握真实平台、真实 PLC 的通信配置	
	2. 系统调试运行（12%）	用仿真平台验证通过的程序，控制真实平台设备按控制要求运行，达到设计要求	
	3. 实践报告（12%）	整理任务相关技术文件，完成实践报告撰写	
职业素养与职业规范（12%）	1. 规范操作（3%）	设备调试过程符合安全操作规范	
	2. 工具、仪器仪表使用（3%）	能正确使用工具及仪器仪表，使用完毕，正确复位并收纳归类	
	3. 6S 管理（3%）	能按照企业管理的 6S 要求完成任务	
	4. 团结协作（3%）	小组成员间相互协作、共同提高	

附录 B　FX₃U 系列 PLC 软元件编号表

表 B　FX₃U 系列 PLC 软元件编号表

输入/输出继电器			
输入继电器	X000 ～ X367	248 点	软元件的编号为八进制数，加上扩展输入、输出端口，输入、输出合计不能超过 256 点
输出继电器	Y000 ～ Y367	248 点	
辅助继电器			
一般用 [可变]	M0 ～ M499	500 点	通过参数可以更改保持/非保持的设定
保持用 [可变]	M500 ～ M1023	524 点	
保持用 [固定]	M1024 ～ M7679	6656 点	
特殊用	M8000 ～ M8511	512 点	
状态寄存器			
初始化状态（一般用 [可变]）	S0 ～ S9	10 点	通过参数可以更改保持/非保持的设定
一般用 [可变]	S10 ～ S499	490 点	
保持用 [可变]	S500 ～ S899	400 点	
信号报警器用（保持用 [可变]）	S900 ～ S999	100 点	
保持用 [固定]	S1000 ～ S4095	3096 点	
定时器（ON 延迟定时器）			
100ms	T0 ～ T191	192 点	0.1 ～ 3276.7s
100ms [子程序、中断子程序用]	T192 ～ T199	8 点	0.1 ～ 3276.7s
10ms	T200 ～ T245	46 点	0.01 ～ 327.67s
1ms 累计型	T246 ～ T249	4 点	0.001 ～ 32.767s
100ms 累计型	T250 ～ T255	6 点	0.1 ～ 3276.7s
1ms	T256 ～ T511	256 点	0.001 ～ 32.767s
计数器			
一般用增计数（16 位）[可变]	C0 ～ C99	100 点	0 ～ 32767 的计数器 通过参数可以更改保持/非保持的设定
保持用增计数（16 位）[可变]	C100 ～ C199	100 点	
一般用双方向（32 位）[可变]	C200 ～ C219	20 点	−2 147 483 648 ～ +2 147 483 647 的计数器，通过参数可以更改保持/非保持的设定
保持用双方向（32 位）[可变]	C220 ～ C234	15 点	

（续）

高速计数器		
单相单计数的输入双方向（32位）	C235～C245	C235～C255 中最多可以使用 8 点 [保持用] 通过参数可以更改保持 / 非保持的设定 计数范围：–2 147 483 648～+2 147 483 647 单相：100kHz×6 点、10kHz×2 点 双相：50kHz（1 倍）、50kHz（4 倍），软件计数器 单相：40kHz 双相：40kHz（1 倍）、10kHz（4 倍）
单相双计数的输入双方向（32位）	C246～C250	
双相双计数的输入双方向（32位）	C251～C255	

数据寄存器（成对使用时为 32 位）			
一般用（16 位）[可变]	D0～D199	200 点	通过参数可以更改保持 / 非保持的设定
保持用（16 位）[可变]	D200～D511	312 点	
保持用（16 位）[固定] ＜文件寄存器＞	D512～D7999 ＜D1000～D7999＞	7488 点 7000 点	通过参数可以将寄存器 7488 点中 D1000 以后的软元件以每 500 点为单位设定为文件寄存器
特殊用（16 位）	D8000～D8511	512 点	
变址用（16 位）	V0～V7，Z0～Z7	16 点	

扩展寄存器和扩展文件寄存器			
扩展寄存器（16 位）	R0～R32767	32768 点	通过电池进行停电保持
扩展文件寄存器（16 位）	ER0～ER32767	32768 点	仅在安装存储器盒时可用

指针			
JUMP、CALL 分支用	P0～P4095	4096 点	CJ 指令、CALL 指令用
输入中断、输入延迟中断	I0～I5	6 点	
定时器中断	I6～I8	3 点	
计数器中断	I010～I060	6 点	HSCS 指令用

嵌套			
主控用	N0～N7	8 点	MC 指令用

常数			
十进制数（K）	16 位	–32 768～+32 767	
	32 位	–2 147 483 648～+2 147 483 647	
十六进制数（H）	16 位	0～FFFF	
	32 位	0～FFFFFFFF	
实数（E）	32 位	-1.0×2^{128}～-1.0×2^{-12} 601.0 $\times 2^{-126}$～1.0×2^{128} 可以用小数点和指数形式表示	
字符串（""）	字符串	用""包含的字符进行指定 指令上的常数中，最多可以用到半角的 32 个字符	

附录 C 三菱 FR-E740 变频器的常用参数

表 C 三菱 FR-E740 变频器的常用参数

功能	参数	名称	设定范围	最小设定单位	初始值
基本功能	◎ 0	转矩提升	0～30%	0.1%	6/4/3%
	◎ 1	上限频率	0～120Hz	0.01Hz	120Hz
	◎ 2	下限频率	0～120Hz	0.01Hz	0Hz
	◎ 3	基准频率	0～400Hz	0.01Hz	50Hz
	◎ 4	多段速设定（高速）	0～400Hz	0.01Hz	50Hz
	◎ 5	多段速设定（中速）	0～400Hz	0.01Hz	30Hz
	◎ 6	多段速设定（低速）	0～400Hz	0.01Hz	10Hz
	◎ 7	加速时间	0～3600/360s	0.1/0.01s	5/10s
	◎ 8	减速时间	0～3600/360s	0.1/0.01s	5/10s
	◎ 9	电子过电流保护	0～500A	0.01A	
直流制动	10	直流制动动作频率	0～120Hz	0.01Hz	3Hz
	11	直流制动动作时间	0～10s	0.1s	0.5s
	12	直流制动动作电压	0～30%	0.1%	4%
—	13	启动频率	0～60Hz	0.01Hz	0.5Hz
—	14	适用负载选择	0～3	1	0
JOG运行	15	点动频率	0～400Hz	0.01Hz	5Hz
	16	点动加减速时间	0～3600/360s	0.1/0.01s	0.5s
—	17	MRS 输入选择	0、2、4	1	0
—	18	高速上限频率	120～400Hz	0.01Hz	120Hz
—	19	基准频率电压	0～1000V、8888、9999	0.1V	9999
加减速时间	20	加减速基准频率	1～400Hz	0.01Hz	50Hz
	21	加减速时间单位	0、1	1	0
失速防止	22	失速防止动作水平	0～200%	0.1%	150%
	23	倍速时失速防止动作水平补偿系数	0～200%、9999	0.1%	9999
多段速度设定	24	多段速设定（4速）	0～400Hz、9999	0.01Hz	9999
	25	多段速设定（5速）	0～400Hz、9999	0.01Hz	9999
	26	多段速设定（6速）	0～400Hz、9999	0.01Hz	9999
	27	多段速设定（7速）	0～400Hz、9999	0.01Hz	9999
—	29	加减速曲线选择	0、1、2	1	0
—	30	再生制动功能选择	0、1、2	1	0

（续）

功能	参数	名称	设定范围	最小设定单位	初始值
频率跳变	31	频率跳变 1A	0～400Hz、9999	0.01Hz	9999
	32	频率跳变 1B	0～400Hz、9999	0.01Hz	9999
	33	频率跳变 2A	0～400Hz、9999	0.01Hz	9999
	34	频率跳变 2B	0～400Hz、9999	0.01Hz	9999
	35	频率跳变 3A	0～400Hz、9999	0.01Hz	9999
	36	频率跳变 3B	0～400Hz、9999	0.01Hz	9999
—	37	转速显示	0、0.01～9998	0.001	0
—	40	RUN 键旋转方向选择	0、1	1	0
频率检测	41	频率到达动作范围	0～100%	0.1%	10%
	42	输出频率检测	0～400Hz	0.01Hz	6Hz
	43	反转时输出频率检测	0～400Hz、9999	0.01Hz	9999
第二功能	44	第 2 加减速时间	0～3600/360s	0.1/0.01s	5/10s
	45	第 2 减速时间	0～3600/360s、9999	0.1/0.01s	9999
	46	第 2 转矩提升	0～30%、9999	0.1%	9999
	47	第 2 V/F（基准频率）	0～400Hz、9999	0.01Hz	9999
	48	第 2 失速防止动作水平	0～200%、9999	0.1%	9999
	51	第 2 电子过电流保护	0～500A、9999	0.01A	9999
监视器功能	52	DU/PU 主显示数据选择	0、5、7～12、14、20、23～25、52～57、61、62、100		0
	55	频率监视基准	0～400Hz	0.01Hz	50Hz
	56	电流监视基准	0～500A	0.01A	变频器额定电流
再启动	57	再启动自由运行时间	0、0.1～5s、9999	0.1s	9999
	58	再启动上升时间	0～60s	0.1s	1s
—	59	遥控功能选择	0、1、2、3	1	0
—	60	节能控制选择	0、9	1	0
自动加减速	61	基准电流	0～500A、9999	0.01A	9999
	62	加速时基准值	0～200%、9999	1%	9999
	63	减速时基准值	0～200%、9999	1%	9999
—	65	再试选择	0～5	1	0
—	66	失速防止动作水平降低开始频率	0～400Hz	0.01Hz	50Hz
再试	67	报警发生时再试次数	0～10、101～110	1	0
	68	再试等待时间	0.1～360s	0.1s	1s
	69	再试次数显示和消除	0	1	0
—	70	特殊再生制动使用率	0～30%	0.1%	0%
—	72	PWM 频率选择	0～15	1	1

(续)

功能	参数	名称	设定范围	最小设定单位	初始值
—	73	模拟量输入选择	0、1、10、11	1	1
—	74	输入滤波时间常数	0～8	1	1
—	75	复位选择/PU脱离检测/PU停止选择	0～3、14～17	1	14
—	77	参数写入选择	0、1、2	1	0
—	78	反转防止选择	0、1、2	1	0
—	◎79	运行模式选择	0、1、2、3、4、6、7	1	0
电机常数	80	电机容量	0.1～15kW、9999	0.01kW	9999
电机常数	81	电机极数	2、4、6、8、10、9999	1	9999
电机常数	83	电机额定电压	0～1000V	0.1V	400V
电机常数	84	电机额定频率	10～120Hz	0.01Hz	50Hz
电机常数	89	速度控制增益	0～200%、9999	0.1%	9999
电机常数	96	自动调谐设定/状态	0、1、11、21	1	0
PU接口通信	117	PU通信站号	0～31（0～247）	1	0
PU接口通信	118	PU通信速率	48、96、192、384	1	192
PU接口通信	119	PU通信停止位长	0、1、10、11	1	1
PU接口通信	120	PU通信奇偶校验	0、1、2	1	2
PU接口通信	121	PU通信再试次数	0～10、9999	1	1
PU接口通信	122	PU通信校验时间间隔	0、0.1～999.8s、9999	0.1s	0
PU接口通信	123	PU通信等待时间设定	0～150ms、9999	1	9999
PU接口通信	124	PU通信有无CR/LF选择	0、1、2	1	1
—	◎125	端子2频率设定增益频率	0～400Hz	0.01Hz	50Hz
—	◎126	端子4频率设定增益频率	0～400Hz	0.01Hz	50Hz
PID运行	127	PID控制自动切换频率	0～400Hz、9999	0.01Hz	9999
PID运行	128	PID动作选择	0、20、21、40～43、50、51、60、61	1	0
PID运行	129	PID比例带	0.1～1000%、9999	0.1%	100%
PID运行	130	PID积分时间	0.1～3600s、9999	0.1s	1s
PID运行	131	PID上限	0～100%、9999	0.1%	9999
PID运行	132	PID下限	0～100%、9999	0.1%	9999
PID运行	133	PID动作目标值	0～100%、9999	0.01%	9999
PID运行	134	PID微分时间	0.01～10.00s、9999	0.01s	9999
电流检测	150	输出电流检测水平	0～200%	0.1%	150%
电流检测	151	输出电流检测信号延迟时间	0～10s	0.1s	0s
电流检测	152	零电流检测水平	0～200%	0.1%	5%
电流检测	153	零电流检测时间	0～1s	0.01s	0.5s
—	156	失速防止动作选择	0～31、100、101	1	0
—	157	OL信号输出延时	0～25s、9999	0.1s	0s

（续）

功能	参数	名称	设定范围	最小设定单位	初始值
—	158	AM 端子功能选择	1～3、5、7～12、14、21、24、52、53、61、62	1	1
—	◎ 160	用户参数组读取选择	0、1、9999	1	0
—	161	频率设定 / 键盘锁定操作选择	0、1、10、11	1	0
输入端子功能分配	178	STF 端子功能选择	0～5、7、8、10、12、14～16、18、24、25、60、62、65～67、9999		60
	179	STR 端子功能选择	0～5、7、8、10、12、14～16、18、24、25、61、62、65～67、9999		61
	180	RL 端子功能选择	0～5、7、8、10、12、14～16、18、24、25、62、65～67、9999		0
	181	RM 端子功能选择			1
	182	RH 端子功能选择			2
	183	MRS 端子功能选择			24
	184	RES 端子功能选择			62
输出端子功能分配	190	RUN 端子功能选择	0、1、3、4、7、8、11～16、20、25、26、46、47、64、90、91、93、95、96、98、99、100、101、103、104、107、108、111～116、120、125、126、146、147、164、190、191、193、195、196、198、199、9999		0
	191	FU 端子功能选择			4
	192	ABC 端子功能选择	0、1、3、4、7、8、11～16、20、25、26、46、47、64、90、91、95、96、98、99、100、101、103、104、107、108、111～116、120、125、126、146、147、164、190、191、195、196、198、199、9999		99
多段速度设定	232	多段速设定（8 速）	0～400Hz、9999	0.01Hz	9999
	233	多段速设定（9 速）	0～400Hz、9999	0.01Hz	9999
	234	多段速设定（10 速）	0～400Hz、9999	0.01Hz	9999
	235	多段速设定（11 速）	0～400Hz、9999	0.01Hz	9999
	236	多段速设定（12 速）	0～400Hz、9999	0.01Hz	9999
	237	多段速设定（13 速）	0～400Hz、9999	0.01Hz	9999
	238	多段速设定（14 速）	0～400Hz、9999	0.01Hz	9999
	239	多段速设定（15 速）	0～400Hz、9999	0.01Hz	9999
清除参数、初始值变更清单	Pr.CL	清除参数	0、1	1	0
	ALLC	参数全部清除	0、1	1	0
	Er.CL	清除报警历史	0、1	1	0
	Pr.CH	初始值变更清单			

注：◎标记表示参数是简单模式参数（初始值为扩展模式）。

参 考 文 献

[1] 温贻芳，李洪群，王月芹. PLC 应用与实践：三菱 [M]. 2 版. 北京：高等教育出版社，2023.
[2] 王烈准. FX$_{3U}$ 系列 PLC 应用技术项目教程 [M]. 北京：机械工业出版社，2021.
[3] 侍寿永，史宜巧. FX$_{3U}$ 系列 PLC 技术及应用 [M]. 北京：机械工业出版社，2021.
[4] 廖常初. FX 系列 PLC 编程及应用 [M]. 3 版. 北京：机械工业出版社，2020.
[5] 三菱电机. FX$_{3U}$ 系列微型可编程控制器编程手册·基本应用指令说明书 [Z].2016.
[6] 三菱电机. FX$_{3U}$ 系列微型可编程控制器用户手册硬件篇 [Z].2016.
[7] 三菱电机. 三菱通用变频器 FR-E700 使用手册 [Z].2015.
[8] 三菱电机. GX Works2 Version1 操作手册公共篇 [Z].2016.
[9] 三菱电机. 微型可编程控制器 FX 系列样本 [Z].2015.